提问的技术与艺术

「いい質問」が人を動かす

［日］谷原诚 著

中国青年出版社
CHINA YOUTH PRESS
中青文传媒

图书在版编目(CIP)数据

提问的技术与艺术/(日)谷原诚著；黄悦生译.
—北京：中国青年出版社，2021.4
ISBN 978-7-5153-6333-2
Ⅰ.①提… Ⅱ.①谷… ②黄… Ⅲ.①提问－言语交往－通俗读物
Ⅳ.①B842.5-49
中国版本图书馆 CIP 数据核字（2021）第054579号

提问的技术与艺术

作　　者：〔日〕谷原诚
译　　者：黄悦生
策划编辑：刘　吉
责任编辑：胡莉萍
美术编辑：杜雨萃
出　　版：中国青年出版社
发　　行：北京中青文文化传媒有限公司
电　　话：010-65511270 / 65516873
公司网址：www.cyb.com.cn
购书网址：zqwts.tmall.com
印　　刷：河北华商印刷有限公司
版　　次：2021年4月第1版
印　　次：2021年4月第1次印刷
开　　本：880 × 1230　1 / 32
字　　数：120千字
印　　张：6
京权图字：01-2019-6718
书　　号：ISBN 978-7-5153-6333-2
定　　价：39.90元

目 录

前言
为什么现在人们需要“提问力”呢

“你觉得，为什么现在人们需要‘提问力’呢？”

被问到这一问题时，你会怎么想？

你肯定会思考：

“为什么需要呢？”

事实上，正是提问的力量促使你这样思考。

“啊？你说什么？我怎么听不懂呀？”

肯定有人会这么说吧。请听我稍作说明。

提问，具有强制对方按特定方向思考的力量。以刚才这句“为什么现在人们需要‘提问力’”为例——本来，在思考“为什么需要”之前，必须先思考“是否需要”。在得出“人们需要‘提问力’”的结论之后，才开始思考“为什么需要”的问题。

然而，像开头那样直接提问的话，就把“人们需要‘提问力’”

变成前提，促使对方不由自主地思考下一个问题："为什么需要？"

只要你能掌握这样的"提问力"，就能随心所欲地掌控自己的人生。

太古时期，人们提出问题："如何去到有水的地方？"于是绞尽脑汁地想出了前往水源地的方法。可是后来，从某天开始又提出了另一个问题："如何将水运到这里来？"

在这个问题的推动下，人们发明了灌溉技术，开始农耕生活。正可谓"提问促进文明开化"。

此后，岁月流逝。现代物理学鼻祖——牛顿向自己发问："为什么苹果会掉下来？"

这个问题成为发现万有引力的契机，推动了物理学的发展进步。

历史的车轮继续前进。过去，汽车组装是在某个地方进行。在组装现场，工人们走来走去，按顺序进行组装。汽车大王福特开始思考：

"组装时能否以汽车的移动代替人员移动？"

在这个问题的推动下，设计出传送带生产线的组装方式，实现了大量生产。正可谓"提问促进产业发展"。

爱因斯坦说过：

"最重要的是不要停止质疑。"所以，他才能发现伟大的"相对论"。

像这样，人们提出问题并寻求答案，由此促进文明发展，实现舒适生活，成为了地球的主人。

本书聚焦于这种伟大的“提问力”，探究掌握“提问力”的方法。

为什么我领悟到了“提问力”

在这里，我先谈谈自己是如何对“提问力”产生兴趣的。

我25岁就当上了律师。因为资历太浅，所以经常被对手轻视，被委托人怀疑。我为此感到非常郁闷，于是试图尽力表现自己，激烈地反驳对方，挑起争论，并通过驳倒对方而获得满足感。

这一时期，我虽然也向对手提问，但大多是挑衅式的问题，例如：“这个说法怎么站得住脚呢？”

在一次围绕土地问题的诉讼法庭上，没有请辩护律师的对方这样对我说：

“你肯定为胜诉了而沾沾自喜吧。但你知道我是什么感受吗？”

我一时愣住了，没能回答这个问题。

我问自己：

打官司不是以获胜为目的吗？打赢官司有什么错呢？

那场诉讼是邻居间的纠纷，官司打完了，纠纷却仍然存在。我应该怎么做呢？

话说回来，我做代理律师的是为了什么呢？

答案很清楚：

“是为委托人争取最大限度的利益。”

没错。我不应该仅仅追求打赢官司，而应该从根本上解决纠纷，为委托人争取最大限度的利益。为此，我当时应该怎么做呢？

我应该做的，是慎重地选择问题，通过提问了解委托人的真正需求，并通过向对方提问了解其处境，并找到双方妥协的方案。

我本来需要通过提问以了解委托人、了解对方、了解应当解决的结论，但我却没有提问，一无所知地进行着自以为是的庭审。结果，尽管赢了官司，却招致对方怨恨，在对方与委托人之间埋下了纠纷升级的隐患，可谓是本末倒置。作为辩护律师，我失职了。

我对人性的理解不够。为了理解他人，我找了很多书来读。其中，感触最深的是戴尔·卡耐基的著作《人性的弱点：如何赢得朋友及影响他人》。书中剖析了人性的本质。尤其是这段内容令我深有感触：

“人的自尊心极强，不愿听从别人的命令，却乐于听从自己的想法。所以，想要说服别人的话，就不能采取命令的方式，而只需让他自己产生这样的想法。”

现在来看，这些话似乎是理所当然的，也许你早就明白这个道理。然而，当时还年轻的我却对此一无所知。一直以来我都抱有错误的想法——我以为：要想打动人，只需用道理说服对方即可。可现实却正好相反。显而易见，我作为律师是很不称职的。

后来，我受到《影响力》和《哈佛谈判术》等书的影响，改善了律师业务领域的谈判方法和劝说方法。此后的15年间，在进行谈判或劝说时，我把大部分时间分配给了“提问”。

结果取得了立竿见影的成果——通过多提问，引导委托人说出需求，并从对手那里获得信息，然后不动干戈地说服对方。

现在，我可以断言：

要想打动别人，就不能采取命令的方式，而要通过“提问”；要想说服别人，需要通过“提问”；要想培养人才，也需要通过“提问”。

最后，要想在人生中获得成功，同样还是需要通过“提问”。

提问的 6 种力量能引领人生走向成功

请允许我在此问一个问题：

“你小时候有过什么快乐的回忆？”

人被问到某个问题时，就会为回答问题而思考，然后寻找答案。我也一样，当被问到“小时候有过什么快乐的回忆”时，童年的记忆就会复苏——回想起有一次过生日，收到渴望已久的玩具“微星小超人”时，高兴得哭了。你被问到这个问题时，大概也会像我一样，想起童年的快乐往事吧。

在平时的生活中，我们并不会时刻想着小时候的事。可以说基本上都忘记了。然而，只需一次提问，就会让我们回溯到好几十年前，从童年记忆中寻找答案。

也就是说，“人被问到某个问题时，就会进行①思考、②回答。”

仿佛被强迫着进行思考和回答一样。

提问所具有的强迫人“①思考”和“②回答”的这两项功能非常重要。面对提问时，我们会条件反射式地进行思考和回答，就像巴甫洛夫实验中的狗听见铃声就条件反射式地分泌唾液一样。

通过提问的这两项功能，我们可以获得由“提问力”产生的6种伟大力量。

1、获取信息

2、赢得好感

3、说服别人

4、培养人才

5、赢得辩论

6、掌控自我

第 1 章

轻而易举地获得所需信息的 6 个技巧

开放式提问和封闭式提问

如今是个便利的时代。获取信息的方法多种多样，网络、电视、广播、报纸、杂志、书籍等等，世界上充斥着数不尽的信息。然而，人们自古以来一直使用而且至今仍是最可靠的信息收集法，就是“向别人打听”。向别人打听是最快的。而且，如果对方是可靠之人，这打听来的信息也可以说是最可靠的。

怎样从别人那里打听到信息呢?

——当然是通过“提问”。

当你想知道什么信息时，通过向别人提问，就能获得需要的信息。

为了收集信息的提问大致可分为“开放式提问”和“封闭式提问”。

所谓“开放式提问”，就是类似于“这本书怎么样”这种让对方自由思考、自由回答的提问。它的回答是开放性的。相反，所谓“封闭式提问”，则是类似于“你喜不喜欢这本书”这样限制对方回答方式的问题，提问者将回答限定为二选一。

不过，提问并非只有“开放式提问”和“封闭式提问”这两种。

在“开放式提问”和“封闭式提问”之间，有着无数个阶段。我们分成四种来举例说明。

1 完全开放式提问

“这本书怎么样？”

2 半开放式提问

“阅读这本书的目的是什么？”（用“目的”加以限定）

3 半封闭式提问

“你想把这本书的内容运用到工作中的什么场合？”（用“工作”和“场合”加以限定）

4 完全封闭式提问

“你喜不喜欢这本书？”（把回答限定为二选一）

虽然此处把提问方式分为四种，但并不是说只有这四种。根据提问的不同限定方式，可能会产生无数的变化。

那么，该如何区别使用“开放式提问”和“封闭式提问”来获取信息呢？

基本原则是：当希望从对方的自由思考、自由回答中获取信息时，采用“开放式提问”；当不希望对方多说废话、想让对方直接回答时，采用“封闭式提问”。

举个例子，假设你在签订某份合同时，请律师确认合同内容。这种情况下，你完全不清楚合同中会有什么问题、看合同时须注意哪些方面，所以你采用开放式提问："这份合同有哪些问题点呢？"但是，如果你委托了律师帮你打官司，今天在法庭上已经做出了判决，你可以预测到结论不是"胜诉"就是"败诉"——这种情况下，你只需采用封闭式提问："判决结果是胜诉还是败诉？"

再举个例子，当正在找工作的学生来向你寻求建议时，比起你自己的意见，你更需要了解学生本人的想法。所以，你先问他："想从事何种工作？"确认大致的方向，然后再采用开放性提问："这份工作好在哪里？"以便了解他本人想要追求什么。

另外，也可以这么问："你觉得有发展前途的工作好，还是没有发展前途的工作好呢？"——这其实就是引导对方说出"我想从事有发展前途的工作"的封闭式提问。

希望部下思考时，可以采用开放式提问："你觉得怎样才能提高工作效率？"如果不想让部下思考，而是想得到他的肯定回答时，则可采用封闭式提问："你想不想完成这个目标？"

将这些归纳为图1：

像这样，"开放式提问"和"封闭式提问"需要根据提问目的而区别使用。另外，提问者还可以决定给提问增加何种程度的限定，使之变成封闭式。

只要区别使用"开放式提问"和"封闭式提问"，就能立竿见影地提高自己的"提问力"。

那么，提问的基本形式有哪些种类呢？

开放式提问	封闭式提问
↓	↓
自己无法预测答案，所以想让对方自由表述的场合	自己可以预测答案，所以不想让对方多说废话的场合
希望对方自己提出大方向的场合	想引导对方的场合
希望对方思考的场合	不想让对方思考的场合

图 1　开放式提问和封闭式提问的区别使用

获取所有信息的6个基本问题

向他人提问时，如果回答者能够正确地体察提问者的意图，只回答对方需要的信息，事情就简单多了。但实际上这是不可能的。如果提问者不告诉对方自己需要什么信息，不善于提问，就无法获得需要的信息。

这种时候，“5W1H”可谓是不二法门。——它包括“What（何事）”“Who（何人）”“When（何时）”“Where（何地）”“Why（为何）”“How（如何）”。这些既是文章的基本要素，同时也是信息的基本要素。

打个比方，我们试一下对想参加研讨会的人用“5W1H”提问吧：

“你想参加什么内容的研讨会？”（What）

“你想参加谁主讲的研讨会？”（Who）

“你想什么时候参加研讨会？”（When）

“研讨会在什么地方召开？”（Where）

“你为什么想参加研讨会？”（Why）

“你打算如何运用研讨会上学到的东西？”（How）

对于“想参加研讨会”这条信息，只要像这样使用“5W1H”提问，就能获取各种各样的信息。

不过，其中关于“为什么（Why）”的用法需要特别注意。因为人一旦被问到“为什么”，就会为了回答“因为……”而追求答案的逻辑性。而要回答得有逻辑，就必须开动脑筋。说话缺乏逻辑会被人视为“笨蛋”，所以不得不绞尽脑汁地思考。也就是说，被提问的一方会感到“痛苦”，有时甚至会感到不快。

例如以下的问答：

“你为什么想参加研讨会呢？”

“我想把学到的东西运用到工作中。”

“为什么想把学到的东西运用到工作中呢？”

“因为想进一步提升能力呀。”

“为什么想进一步提升能力呢？”

“因为将来想当老总呀。”

“为什么将来想当老总呢？”

“因为想过富裕的生活呀。”

“为什么想过富裕的生活呢？”

“……你有完没完（怒）！”

像这样被人“为什么、为什么”地追问个不停，要思考如何回答得有逻辑性，难免会感到非常痛苦，甚至心生不快。所以，为了让回答者保持心情愉快，提问者应该尽量避免问“为什么”。

所以，不妨把“为什么”替换成“什么”或“怎样”。例如，“为什么参加研讨会就能运用到工作中呢”这个问题，就可以替换成以下说法：

“研讨会上学到的东西可以运用到工作中的什么场合呢？”

“怎样运用到工作中呢？”

请看图2。像这样转换提问方式，回答者就不必拘泥于“逻辑性”，从而能够进行具体的回答，减轻痛苦。

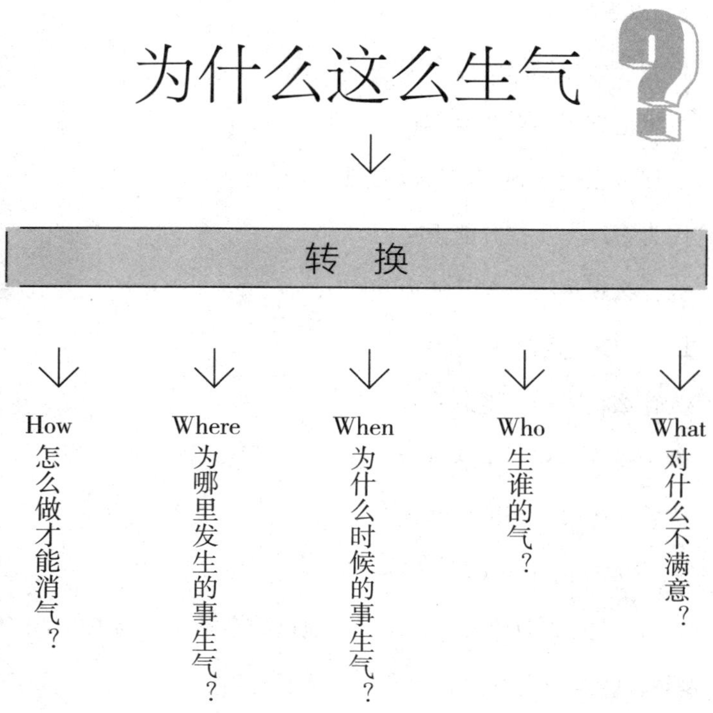

图2　把“为什么”换成别的说法

那么，是不是完全不问“为什么”就万事大吉了呢？

其实，“为什么”也有着非常有效的用法——那就是当你想要逻辑清晰地追问答案的场合。在商务场合想必是很有用的吧。据说，丰田公司有这么一个传统——在解决问题时要“反复追问5次为什么”。

举个具体的例子：

“为什么上个月没有完成销售目标？”

“因为还没签合同就谈崩了。”

“为什么还没签合同就谈崩了？”

“因为没能建立起足够的信赖关系。”

“为什么没能建立起足够的信赖关系？”

“因为贸然跑去推销，很难得到对方的信任。”

“为什么要贸然跑去推销？”

“因为没人介绍。”

“为什么没人介绍？”

“嗯……可能是因为我没有请老客户帮忙介绍吧。从下个月开始，我试一下拜托老客户帮忙介绍。”

像这样，不断反复追问“为什么”，就能进行逻辑清晰的思考，逐渐逼近问题的核心。尤其适用于在公司里向部下提问、以及自己深入思考问题的场合。

除此之外，提问时还需要注意什么呢？像这样，不断重复“为什么”，就能有逻辑地思考，逐渐逼近问题的核心。尤其在对公司部下提问的场合，或者想要自己追究问题、深思熟虑的场合，更是有效。

那么，除了“为什么”以外，提问之际还应该注意哪些事情呢？

提对方容易回答的问题

想通过提问从对方获取有价值的信息时，必须站在对方的立场，提对方容易回答的问题。人被问到某个问题时，往往会努力领会对方的意图，在其意图的范围内回答。例如，朋友问你："昨天去哪里了？"你就会想："这是在找谈话的话题吧？"于是回答道："昨天我去了迪士尼乐园……"这时，如果不考虑提问者的意图，没准就会事无巨细地把去过的地方全说出来："昨天我出门后在三丁目的拐角处右转去地铁站，之后坐地铁到银座站……"

也就是说，我们只需要通过提问就能强迫对方思考。因此，想通过提问从对方获取信息时，尽量不要给对方施加负担，这也是一种礼仪。

例如，当你想要买电脑的时候，如果你向懂电脑的朋友询问："有什么好电脑介绍？"他就不知道你是想买电脑，还是单纯地想了解一下有哪些高性能的电脑，也不知道你说的"好"字是什么意思。结果，他可能反过来问你："怎么了？你想买电脑吗？"可见，你一开始的提问是缺乏礼仪的。

你至少应该这么问："我想买一台工作用的笔记本电脑，只要能发邮件和打字就行，有没有既轻便又尽可能便宜的电脑？”这样问，对方就会在他知道的范围内告知符合你要求的相关信息。你获取信息后，要说谢谢。这样才能取得平衡。

售卖电视机的店员询问来店顾客时也是如此。如果一上来就问：“您想买多少像素的电视机呢？”顾客肯定会被吓一跳，因为一般来说选购电视机时并不会考虑多少像素。这时提的问题，应该是为了引导顾客说出自己的需求。例如，可以问：“您是想买家庭用的电视机吗？”先从容易回答的问题入手，逐渐引导顾客说出自己的需求——需要多大的屏幕？是能显示画面即可，还是比较注重放映效果？……否则，顾客一旦被问得不耐烦，说不定就会立马转身去其他店去了。

另外，有的问题是对方难以回答的——就是那种不方便当着提问者的面直接回答的问题。例如：“贵公司为什么断绝了和我公司的关系，而选择我们的竞争对手呢？”面对这样的问题，客户一定难以回答吧——因为他担心，说出你们公司的缺点难免会令你不快。这种时候，就需要积极地变换提问方式，例如：

“我公司要怎样做才能继续同贵公司合作呢？”

“您觉得，我公司有哪些需要改善的地方呢？”

“您觉得那家〇〇公司的最大优势是什么呢？”

下面这个问题也一样：

“我的缺点是什么呢？”

亲朋好友姑且无论，一般人是很难回答这个问题的。所以也需要积极地变换一下提问方式：

“我的优点是哪些方面呢？”这样问是因为优点的反面就是缺点。

“我要怎么做才能变得更有魅力呢？”

如果想通过提问获取信息，就应该采用这种让对方容易回答的提问方式，这是必要的礼仪。

那么，在提问之前，至少需要考虑哪些因素呢？

开始提问前应该确认的4个要点

① 提问的目的是什么

我在前文说过，提问具有6种力量：

1、获取信息

2、赢得好感

3、说服别人

4、培养人才

5、擅长辩论

6、控制自己

提问时，需要明确本次提问的目的是其中哪一个。因为，目的不同，提问方式也不一样。

例如关于“看书”这样一个简单的问题，提问方式也会随着不同目的而改变。想知道对方是否看书，就问：“你平时看书吗？”而想知道对方看什么书时，则问：“你平时看什么书呢？”

如果目的是“赢得好感”，就先问：“你喜欢看哪方面的书呢？”对方回答后，你可以投其所好地说：“其实我也喜欢看这方面的书，咱俩志趣相投呢。”

如果目的是“说服别人”或“培养人才”，就先问：“一年后你想成为什么样的人？”让其认识到理想与现状的差距，再转入方法论，问他：“为了实现理想，需要获得哪些知识？”然后继续问：“你觉得，要获得这些知识，需要读哪些书呢？”使他意识到读书的重要性。

像这样，一个简单的问题，也会因为目的不同而改变提问方式。因此，开始提问前，不妨先问自己：“我提问的目的是什么？”明确了这一点之后再开始提问。

2　对方是不是提问的合适对象

我前几天迷路了，想找个人问路，往四周扫了一圈，看见有两个过路人——其中一个是背着背包的外国人，看起来像游客；另一个是提着超市购物袋的中年妇女。我毫不犹豫地向中年妇女问路。换做是你，肯定也会这么做的。因为，既然是问路，只有问那些熟悉周边地方的人才有意义。

换言之，想通过提问获取信息的话，就得问掌握相关信息的人。向公司保安询问公司的预算问题是毫无意义的，还是问财务部更加合适。

因此，提问之前，先要考虑清楚“向谁提问才能得到最理想的信息”，选择合适的提问对象。

不过，有时也会不知道“应该问谁”。在这种情况下，就要先找到“知道谁能回答这个问题的人”，问对方“我应该问谁”。刚才问路的例子，如果那位中年妇女也不知道我要去的地方在哪里，我就要问她“我应该去哪里问路”，或许她就会提供相关信息，例如说：“那边的拐角处有个岗亭，你去那里问问吧。”

如此一步一步地往前推进，逐渐接近自己需要的信息。

3 提问的合适时机是什么时候

提问还必须把握时机。

公司里有的人，有时间的时候不问，偏偏在别人急着出门的时候跑来问问题或商量事情。这种情况下，由于对方刚好没空，很可能无法充分地提供你需要的信息。尤其是别人正忙的时候，甚至可能不会回答你的问题。提问毕竟是为了获取信息，所以必须考虑到对方所处的状况。

4 这是不是最好的提问方式？有无其他更好的提问方式？

如果已经明确了提问目的，找到了提问的合适对象和时机，接下来就应该考虑如何提问了。

对方如何回答，取决于你的提问方式。因此，提问时必须充分考虑提问方式。例如，假设你打算向某公司推销机器设备，你不能直接跑去跟对方说：“贵公司目前使用的设备比我公司的设备差在哪里呢？我来告诉你吧。”既然这位客户已经选用了这套设备，你这样说的话，无异于指出对方决定有误。

在这种情况下，必须要照顾到对方的自尊心。也就是说，首先要承认对方决定正确，然后再慎重地选择提问方式以展示自家设备的优点。例如可以这么问："贵公司目前使用的设备当然也很好，不过，有没有觉得不太满意的地方呢？"这样说仍然略显生硬，还可以进一步认可对方，例如可以这样问："贵公司目前使用的设备，如果要举出一处有待改善的地方，您觉得是哪里呢？"

最佳提问方式的选择必须在瞬间进行。以我为例，在准备向对方提问时，脑海里会同时浮现出许多种提问方式。这时，我会问自己："其中哪一种提问方式最可能获得我需要的信息呢？"从中选出最合适的提问方式。然后，再问自己："有没有比这个更好的提问方式？"重新推敲得出结果后再问对方。这个过程有时在瞬间完成，有时则要花费几秒钟。

在法庭上，辩护律师会向证人提问，而且需要花费大量时间做好事前准备工作。要问哪个问题？按什么顺序问？对方会怎么回答？回答后我接着要怎么问？……这些都要进行充分的研究。一旦搞错一个问题，就有可能引出不利的证词。反过来说，有时凭借一次提问也能引出对委托人有利的证词。而这正是决定官司输赢的关键所在。

出于这种考虑，律师总是会思考最好的提问方式是什么。

对了，你知道名侦探福尔摩斯在提问时会做什么事吗？

福尔摩斯的推理式提问法

名侦探福尔摩斯与华生初次相见时，事前并没有打听相关信息，却突然问他："你去了一趟阿富汗吧？"事实上，华生确实刚去了一趟阿富汗。华生觉得不可思议，对朋友说："他是怎么知道我刚从阿富汗回来的？"

向对方提问以获取信息，自然要通过语言。不过，充斥于世间的信息却不仅限于语言信息，还包括视觉、嗅觉、听觉、味觉、触觉等多种感觉信息。通过提问获取信息固然很重要，但同时还需要调动一切感觉，把它们和通过语言获得的信息相互结合，一边假设，一边提问。

顺便说一下，福尔摩斯对华生提出那个问题时是这样假设的：

1、"这位绅士的职业是医生，而且看起来有军人气质。结合了医生、军人、绅士这三者的职业是什么？——大概是军医吧。"

2、"他的脸黑黝黝的，手腕肤色却很白。这说明他并非原本就是黑皮肤，而是晒黑了。——可以推测他是刚从热带地区回来。"

3、"他脸色憔悴，这说明什么呢？——很可能是经历过艰苦而且受到病痛折磨。"

4.“他的左手动作不灵活，这说明什么呢？——左手可能受过伤。”

根据①至④的推理可知：①军医；②从热带地区归国；③经历过艰苦而且受到病痛折磨；④左手受过伤。从当时的国际形势考虑，满足这些条件的情形就是“刚从阿富汗回来”。所以，福尔摩斯就提出这个假设，并据此向华生提问：“你去了一趟阿富汗吧？”福尔摩斯说他不用1秒钟就想到了这个假设。

像这样，根据自己掌握的信息提出假设，并在此基础上进行提问，就能顺利地获取信息。如果东拉西扯地提问，只会浪费时间，而且也浪费对方的时间，给别人添麻烦。

虽然不至于“闻一知十”，但听到对方所说的话之后，将其与其他话语或事实结合起来考虑，提出自己的假设，并据此进行提问——这是非常有效的。

不可取的7种提问方式

提问方式也有好坏之分。这里介绍容易犯的7种不可取的提问方式。

① 消极式提问

所谓消极式提问，是指让对方陷入消极思考的提问方式。提问具有强制对方思考的功能。因此，如果用消极式提问，就会导致对方陷入消极思考。

例如，在公司里，上司问部下："为什么连这项工作都没完成？"部下就会这么想："嗯……为什么我连这项工作都没完成呢？是因为我缺乏能力吗？"——他不得不思考并回答"没完成的原因"，结果就会陷入消极思考。

相反，如果上司问"要怎么做才能完成"，部下就会考虑"怎么做才能完成"，转换为积极思考。

像"为什么你这么没用"也属于消极式提问。人听到这样的问题时，就不得不思考自己没用的原因，结果变得消极沮丧。

另外，向自己发问时，也有消极式提问。"为什么倒霉的总是我"

就属于此列。如果这样问自己，就难免会得出“自己运气不好”的结果，导致灰心丧气。相反，如果积极地问自己“我要怎么做才能度过这次难关呢”，就会变得干劲十足。

2 不需要回答的提问

提问原本是为了寻求答案，但实际上有的提问却不需要回答。例如，部下工作失误时，上司斥责说：“要我提醒多少次你才满意？”表面上是提问的形式，但却不需要部下作出“提醒我3次”之类的回答。这种提问就叫做“不需要回答的提问”，应该跟真正的提问区别对待。

“要我提醒多少次你才满意”这句话，其实是斥责对方“别老让我提醒你呀”，用意在于让对方说：“对不起，下次一定注意。”这种提问方式，不是为了让对方回答，而是为了让对方道歉。

又如，丈夫忘记结婚纪念日时，妻子问：“你为什么忘记了结婚纪念日？”丈夫既无法回答忘记了结婚纪念日的理由，妻子也并不期待他的回答。这种时候，丈夫只能诚心道歉，并发誓来年一定记住。

3 立即否定对方的回答

有些人在提问之后，一听到对方回答就立即否定说“不对”“胡说八道”等等。这种人没资格向别人提问。当然，有时为了教育别人，会故意否定对方的回答；有时在激烈紧张的谈判中也必须立即否定对方的主张。不过，如果总是否定对方的回答，只陈述自己的意见，那就根本没必要提问，只需直接说出自己的想法即可。

他们经常否定对方的回答，是为了证明自己的想法比对方高明。因为，一旦称赞对方回答得“很棒”，就等于承认自己不如对方，有伤自尊。于是他们经常这么否定对方的回答：“你的想法是错误的，让我来告诉你什么才是正确的吧。”

其实，他们应该知道，立即否定别人的回答并不能证明自己有多优秀，反而会破坏对方的心情，让对方觉得你是个“不通人情的家伙”，然后离你而去。

既然向对方提问了，那就不妨好好聆听和接纳对方的回答。当你想否定对方的回答时，请先问一下自己：“我如果现在马上否定对方的回答，对方会怎么想呢？这对彼此的交流有好处吗？”

4 不等对方回答的连珠炮式提问

提问后让对方回答而后加以否定，这种做法也许还算是有耐心的。有的人更加性急，没等对方回答就自己说出答案，或者在对方回答之前就转入下一个问题。就像连续出拳似的进行连珠炮式提问，使对方根本无暇应对。在对方回答之前就转移话题也属于这种情况。

之所以要提问，是为了让对方思考并将思考结果说出来。如果不等对方回答就转入下一个问题，或者在对方回答之前就自己说出答案，就无法确认对方是否经过认真思考，从而失去提问的意义。

而且，如果对方正在认真思考着如何回答，而提问者却贸然打断、自说自话，那肯定会让对方感到自己不受重视，难免心生不快。因此，一旦提问了，就必须耐心地等对方充分思考和回答。不过，有时提出的问题难以回答，使对方陷入窘境，这时就应该换一种容易回答的问法。——这是为对方考虑，自然不属于这里所说的不可取的情况。

5　误导式提问

庭审的妙趣在于询问证人环节——辩护律师询问证人，引出对委托人有利的证词。律师总是想方设法地从证人口中套问出有利的证词。

在这个过程中，有一种提问方式威力太大，而且具有歪曲事实的危险，所以被禁止使用。这种提问方式就是“误导式询问”——以错误事实作为前提进行提问，以试图引导出有利于自己的回答，属于一种“诱导式询问”。

例如，假设在一次伤人事件中，被告人否认称：“我没打人。”于是传唤证人出庭，进行询问。

检察官：“被告人殴打受害者时，你在哪里？”

辩护律师：“反对，这是误导式询问，是以‘被告人打人’为前提的。”

检察官：“当时，你有没有看见被告人殴打受害者的瞬间？”

辩护律师："反对，这是误导式询问。对于'有没有看见'的问题，如果回答'看见了'，就说明看见了打人现场；如果回答'没看见'，就说明没看见打人现场。——无论如何回答，都是以'打人'作为前提的。"

像这样被禁止用于庭审的误导式询问，在日常生活中也经常能见到。本书中把它称为"误导式提问"，以便和庭审的"误导式询问"区别开来。

例如，"他是从什么时候开始变得性情急躁的"这个问题，就是以"他性情急躁"为前提而问"什么时候开始"。首先，应该问清楚是不是性情急躁才行。又如，"他的性情还是那么急躁吗"也属于误导式提问。如果回答"是"，则说明一直以来都很急躁；如果回答"不是"，则说明以前性情急躁，但现在已经改了。

为了从对方获取正确的信息，就不能在提问时预设错误的前提，否则就有可能得到错误的答案。因此，想从对方口中获取信息，就尽量不要使用误导式提问。

不过，在想要诱导对方时，这种误导式提问会变成强有力的武器。关于这种用法，我会在后文进行说明。

6 给对方大脑施加负担的提问

我在前文中倡导要"提对方容易回答的问题"。否则，就会给对方的大脑施加负担。例如问对方“将来有什么打算”，对方就会有些不知所措，不得不努力思考该如何作答。因为这个问题过于开放式了，应该稍微加点限定，使其变成封闭式问题，才会变得容易回答。例如，如果想问工作方面的事，可以问：“现在的工作，你打算一直做下去吗？”只要和目前的实际情况联系起来提问，对方回答起来就会容易很多。

又如，有的人会这么问我：“我该怎么办呢？”我倒想反问一句：“你想怎么办呢？”这种问题也是过于开放式了，需要变成封闭式问题。例如，可以这样问：“3年后我想做〇〇，眼下正在做〇〇，但遇到了〇〇问题。为了解决这个问题，现在应该做什么呢？您可以帮我出出主意吗？”这样问的话，对方就会容易回答。

总而言之，如果你经常提一些“给对方大脑施加负担的问题”，就说明你只考虑自己，而没有为对方考虑。你满脑子只想着自己，无暇顾及别人。不过，既然你要通过提问从对方获取信息，首先就必须考虑对方的处境，提对方容易回答的问题。

7　刑警式的盘问

最后一种不可取的提问方式，是刑警式的盘问。假设你被视为犯罪嫌疑人，遭到逮捕，接受刑警的审讯。“多大岁数？家住哪里？家里有几口人？……”在刑警连珠炮式的问题轰炸下，你承受着回答问题的巨大压力，很容易陷入崩溃。

其实，在日常生活中，就有人做着同样的事。他们似乎不明白，接连不断地提问并强迫对方作答，会使人感到非常痛苦。

在交流过程中，维持双方的平衡很重要。如果一方接连不断地提问，另一方接连不断地回答，就会打破相互之间的平衡，使回答者感到压力。

因此，在提问过程中，必须适当地提供自己的信息，或对对方的回答表示赞赏，这样才能维持相互之间的平衡。

采取这些不可取的提问方式，会遭人厌恶。相反，如果善于提问，则能赢得他人的好感，这岂不是皆大欢喜吗？

简单获取信息的《提问策略表》

把提问前需要确认的要点归纳为《提问策略表》。如果是重要场合的话，请先填写本表之后再进行提问

	确认要点	回答
level 1	**想获得什么信息？** 首先要设定目标，明确自己想获得什么信息，这点很关键。 ➤	
level 2	**向谁提问最合适？** 如果对方不了解这方面的情况，那么问了也是白问。所以需要先考虑向谁提问。 ➤	
level 3	**对方可能拥有哪些信息** 提问之前先设想对方可能拥有哪些信息，然后采取最适合引出该信息的提问。 ➤	
level 4	**什么时候提问最合适？** 即使对方掌握着大量信息，在忙碌时或不想回答时也不会回答你。所以要看准提问的时机。➤	
level 5	**提什么样问题最合适？** 首先要设定目标，明确自己想获得什么信息，这点很关键。 ➤	

	提问范例
① 封闭式提问（可用是或否回答的情况） ➤	
② 开放式提问 ➤	
1.把“为什么”换个说法 ➤	
2.换成容易回答的问题 ➤	
3.换成能顾及对方自尊心的问题 ➤	
4.能否换成更具体的问题 ➤	

不经思考的提问是无法获得所需信息的。要考虑多种提问方式，从中选择最合适的。

第2章

可以赢得好感的“提问”

对于喜欢之人问的问题，则有问必答

当被别人问到某个问题时，我们会思考如何回答，然后进行回答。但并非所有情况下都会回答，而且也不一定会说出自己的心里话，而是根据对方采取不同的回答方式。也就是说，不同人提问，得到的回答也不一样。

例如，当你青睐的部下向你请教提升销售成绩的秘诀时，你会这么想："这家伙太讨人喜欢了。我要把自己辛辛苦苦摸索到的营销秘诀倾囊相授！"然后欣然作答。但如果是竞争对手公司的业务员向你问同样的问题，你一定会想："怎么可能告诉竞争对手！"绝不肯轻易开口。

当被别人问到某个问题时，我们会思考如何回答，同时也会考虑以下几点：

1、提问者有权利向我提问吗？

2、我有义务回答这个问题吗？

3、如果我没有义务回答这个问题，那我是否要回答？

4、是想到什么就回答什么，还是经过修改之后再回答？

我们在回答之前，会先考虑这些问题。

例如，在法庭上询问证人——辩护律师有权利提问，证人有义务回答，那么他就必须根据自己的记忆如实回答。然而，在平时的生活中，商务领域的上下级关系姑且无论，一般情况下很少说有义务必须回答对方提出的问题。所以，究竟要不要回答，可以由回答者自己决定。

那么，在什么情况下，我们会回答对方提出的问题呢？——只有在“想回答”的情况下，我们才会回答。例如，回答问题可以使自己产生优越感、或对自己有利时，自然想要回答。除此之外，在另外一种情况下我们也愿意回答。那是什么情况呢？

——那就是，对对方抱有好感的情况。心理学家罗伯特·西奥迪尼做过一个实验，研究人们会答应什么样的人提出的请求。结果是“有好感的人”。确实，我们对有好感的人有求必应，而对于没有好感的人则拒之门外。凯撒大帝说过这样一句话：

“世界上没有比朋友的请求更悦耳的音乐。”

因此，我们想要成为好的提问者，首先就需要赢得对方的好感。只要对方对你有好感，就会乐于向你提供信息，努力思考并回答你提出的问题。如果是你的部下，则会乐于思考并努力成长。

亚里士多德在其著作《辩论术》中说过：

“人在喜爱、讨厌、生气、平静的各种时候，对同一件事物的看法是大相径庭甚至完全不同的。”

提问也是如此。喜欢之人提的问题，往往会被理解为出于善意；而厌恶之人提的问题，则往往会被怀疑是不怀好意、或者企图设圈套陷害人。同一个问题出自不同人之口，会变得面目全非，甚至连提问意图都似乎不一样。

为了成为好的提问者，首先需要赢得对方的好感。但你知道如何赢得对方的好感吗？

赢得好感的 6 个原则

心理学家罗伯特·西奥迪尼列出了赢得别人好感的6个原则：①外表魅力；②相似性；③称赞；④单纯接触效应；⑤协同；⑥印象。

下面按顺序逐个说明。

1 外表魅力

心理学研究显示，外表有魅力的人往往会被大家认为具有才能、智慧或理想的性格，即使实际上并非如此。另外，据说有调查结果显示，因刑事犯罪而被关进监狱的男性犯人中，外表有魅力的人与没有魅力的人相比，人数只占其一半。

因此，为了成为好的提问者，有必要提高自己的外表魅力。虽然天生的相貌无法改变，但保持衣着整洁、体态端正、面带笑容、举止大方，却是可以做到的。能做到这些，效果就相当不错了。

2 相似性

人们喜欢与自己相似的人，即所谓“相似性原则”。对于老乡、大学校友、有共同兴趣爱好的人、喜欢同一棒球队的人，你应该会有一种亲近感吧。这就是出于“相似性原则”。

如果想运用相似性原则，就需要问对方各种问题：“你老家是哪里呢？”“你小孩多大啦？”“你喜欢什么运动？”……饶有兴致地向对方提问，一旦发现双方的相同点，就马上说出来：“我也是！咱俩一样啊！”以强调你们的相似性。在相似性原则的推动下，对方肯定会对你抱有好感。

3 称赞

人一旦受到称赞，就会提高自我评价，满足自尊心。因此，人们寻求称赞自己的人，并对其产生好感。在公司里，恭维和奉承作为一种有效的升职手段，也证明了这一“称赞原则”的有效性。

有一个实验是这样的：将若干人分成以下几组，让他们对参加实验的某个男性进行评价：

A组 只给好的评价

B组 只给差的评价

C组 可给好或差的评价

结果，最受参加实验的男性喜欢的，是A组的评价——即只接受称赞。

要运用称赞原则，可以采用“以赞赏为前提进行误导式提问”的方法。例如，如果你想称赞女人的手提包，就可以说：“这个手提包好有品位，在哪里买的？”像这样，以赞赏对方的品位为前提，询问“在哪里买”。虽然直接问的是购买场所，但对方却会因为前面那句“好有品位”而满足自尊心。

4 单纯接触效应

人们会对自己熟悉的事物产生好感。可以利用这一性质，使用“多次见面”的方法赢得对方好感。谈论什么都无所谓，总之要多见面，跟对方混熟，这就是所谓的“单纯接触效应”。

例如：选举开始前，选举车并不宣传政策，而是反复播放参选人姓名，以增加大家对其接触次数，就是为了取得这个效果；同样，广告牌上面不写商品名，而只宣传公司名，也是出于同一目的。

虽然这不是提问，但为了赢得对方好感、成为好的提问者，不妨学会这个方法。比起远方的恋人，更容易喜欢上身边的人，这显然也是“单纯接触效应”在作祟吧。

5 协同

人在与别人协同作战时，会对对方抱有好感。例如，国内各派势力本来正处于混乱态势，一旦有敌国压境时，大家就会立刻团结一致对抗敌国。这种情形下，形成了“本国人vs.敌国人”的局面。又如，在审讯刑事案件的嫌疑人时，有的刑警一反粗暴易怒的作风，而采取善待嫌疑人的态度，以获得嫌疑人的口供。这种情形下，则形成了

“嫌疑人与善警vs.恶警”的局面。

如果想利用协同原则进行提问，只需设立“自己和对方结成同伴，共同对抗别人”的局面即可。例如，假设你是汽车推销员，在最后谈价格的关键之际，你可以这样提问：

“好不容易谈到这一步了。我去跟领导交涉，看能否再打个折。如果能争取再降十万日元的话，您愿意购买这辆车吗？”

你这么一说，会让对方觉得：你既然为了他而去跟领导交涉，那就是“自己人”了。从而对你产生好感。

6 印象

某件事情发生时，其外部因素和对方被绑定在一起，从而产生特定的情感，这被称为“晕轮效应”。比方说，我们会对带来好消息的人产生好感，而对带来坏消息的人产生反感。电视广告中，让人气偶像或演员使用其商品，给商品赋予好印象，就是利用了这一效应。汽车杂志封面刊登美女模特和汽车或摩托车同框的照片，也是利用了这一效应。在贸易谈判中，经常采取边吃边谈的方法，也是试图用“品尝美食”的幸福感来影响谈判内容。莎士比亚也说过一句与此相关的话：“坏消息会传染给说话人。”

如果想利用这种效应赢得对方的好感，不妨问一下对方：“至今为止最幸福的回忆是什么？”让对方回想起幸福的、开心的、喜欢的往事。相反，如果所问问题使对方回忆起讨厌的、悲伤的往事，你就有可能给对方造成负面的印象。

因此，我们应该尽量多问一些积极的、能给人好印象的问题。

其实，要赢得对方好感，还有一个更简单的方法，你想知道吗？

赢得好感的最强方法是模仿小狗

上文说明了赢得好感的6个原则。但还有一个更简单、更有效的方法，你想知道吗？

首先，请你想想自己身边的情况。在家庭中，谁最能赢得别人的好感呢？

——父亲？母亲？兄弟姐妹？还是子女？

那么，无论何时，始终能赢得别人好感的又是谁呢？每个人都有生气的时候，有哭泣的时候，有挖苦别人的时候，有任性的时候……每当这种时候，总会令人反感。那么，有没有谁能始终赢得别人好感的呢？

——宠物狗。

狗是可爱的动物。我们一回家，它就摇着尾巴，欣喜若狂。摸摸它，喂它狗粮，它也会兴高采烈。它从不顶嘴，对人百依百顺。所以，肯定有很多人觉得小狗才是最招人喜欢的。

那么，为什么狗狗如此招人喜欢呢？那是因为它总是对人抱有好感。狗狗不会因为心情不佳就讨厌我们，而且也不会说抱怨或挖苦的话，更不会批评我们。与之相比，人类又如何呢？——人类喜怒无常，自私自利，经常说抱怨或挖苦的话，有时还大发雷霆。每当这种时候，对方就会觉得反感，被批评者更会觉得自尊心受到伤害。——这就是狗狗和人的区别。

学习狗狗，赢得别人好感的最强方法就是：对对方抱有好感。心理学上把这叫作“好感的互惠性”——如果对方对你有好感，你也会对他有好感。相反，如果对方讨厌你，你也会讨厌他。这叫作“反感的互害性”。请记住，你对对方的情感是会传染给对方的。因此，尽量不要讨厌别人，而要心存好感，这样就能提高赢得对方好感的可能性。在这种互惠关系的基础上进行提问，得到对方回答的可能性也会明显提高。

话说回来，光举狗狗的例子可不太好，现在再来看看人的例子吧。

有个名叫乔·吉拉德的推销员创下了吉尼斯世界纪录——作为雪佛兰汽车的推销员，他15年间成功地售出13001辆，单日最多推销出18辆（！），单月最多推销出174辆（！！），可谓是世界上最成功的推销员。

据说，乔·吉拉德每个月都会给几千名潜在客户寄送卡片，卡片上写着“I Like YOU”“我喜欢你”等语句。每个月都一定会寄送。对方收到卡片后是不会反感的，而会对他心存好感，因为对方受到关怀时会觉得自己是特别的存在。之后，如果乔·吉拉德推销汽车，就会听从其建议而购车。乔·吉拉德正是利用“好感的互惠性”原则而创下了销售业绩的吉尼斯世界纪录。

乔·吉拉德还有这么一个事例：

有一次，一个中年妇女来到了车辆展示厅。乔·吉拉德推销的是低价位的雪佛兰汽车，而那位中年妇女打算要买高价位的福特车。不过，福特店的业务员让她一小时后再来，所以她为了打发时间而来看雪佛兰车。她告诉乔·吉拉德："今天是我的55岁生日，我打算买一辆白色的福特车给自己当生日礼物。"乔·吉拉德对她说："祝您生日快乐。请您稍等片刻，我马上回来。"然后，他出去了一会儿，回来后就陪着这位客人闲聊，给她介绍了雪佛兰汽车。15分钟后，一位办公室的女员工怀抱一打玫瑰过来，乔·吉拉德把玫瑰送给了那位客人："祝您每天都过得幸福愉快。"客人激动得热泪盈眶："我不知多少年没有收到过花了。"然后，她还告诉乔·吉拉德，刚才福特车的业务员向她介绍到一半时，午餐时间到了，于是就撇下她出去吃午饭。所以她才来看雪佛兰车以打发时间。

过了一个钟头后，她该回福特店去了。但她最后却没有回去——她放弃买福特车，而是买下了雪佛兰车，用支票付了全款。

我们可以从这个故事学到什么呢？——即使已经确定要买，但只要感到自己被重视，就会欣然改变主意。

向对方表达好感，使他觉得自己受到格外重视，这样一定会有立竿见影的效果。

那么，应该如何用提问方式向对方表达好感呢？

其中一种方法是“饶有兴致地询问对方的情况”。当有人询问我们的情况时，我们会敏锐地感觉到“噢，他想了解我”，或是“他其实对我不感兴趣，只是迫不得已地问而已”。如果感觉到对方想了解自己的话，就会觉得自己受到重视，自尊心得到满足，从而对对方也产生好感。

所以，向对方提问时，要以饶有兴致的、“想了解对方”的心情提问。这样的话，对方也必定会对你产生好感，乐于回答你的问题。

英国政治家迪斯雷利说过这样一句话：“和别人交谈时，请围绕着对方的话题来说。这样的话，他肯定能听你讲上几个小时都不厌倦。”我们不妨也像迪斯雷利说的那样，在和别人交谈时，要饶有兴致地询问关于对方的话题。这样的话，哪怕你问上几个小时，对方也会乐于回答的。

不要错过谈话的“沸点”

和别人谈话时，泛泛而谈的话题有时会从某一瞬间突然开始变得活跃起来。这个瞬间就叫“谈话的Tipping Point”。Tipping Point相当于“沸点”之意——谈话就像水达到沸点一样，突然变得活跃起来。

无论朋友之间的闲聊还是商务场合的谈话都有这种情况。我经常接受电视和杂志的采访，采访中有时会出现突然变得精神振奋的瞬间。在那之前，记者按顺序提出各种问题，我逐一回答，但我的回答始终不温不火。但后来在问到某个问题时，我的思路突然一下打开，变得滔滔不绝，话题也讲得很有广度和深度。

我尝试过自己采访自己，以此分析“自己在讲什么话题时会达到沸点”。结果如下：

1 自己有信心的话题

2 自己感兴趣的话题

3 自己觉得愉快的话题

对于自己有信心的话题，能够积极地思考，可以说个没完没了，而且能满足自尊心；对于自己感兴趣的话题，因为本来就是自己想谈的，当然会精神振奋；而对于成功经验之谈等愉快的话题，则可以使自尊心得到满足，所以变得精神振奋也是理所当然。

由此可见，谈话的“沸点”，会出现在说话人谈到自己感兴趣的、或能满足自尊心的话题时。

因此，当你想引出对方的话时，就需要抛出各种话题，以便找到对方有信心的话题、感兴趣的话题、愉快的话题。而且，不要错过对方的“沸点”。达到“沸点”后，谈话会明显变得活跃起来。所以，不能错过它，要不断敦促对方继续说下去。

为此，需要把握对方的情感，与其产生共鸣。“那可太开心了！要是我的话，肯定高兴得跳起来了。”可以这样表达自己的心情，和对方产生共鸣。这样你们就会变成同类人，心理学的“相似性原则”开始生效。情感的共鸣能唤起对方的好感。

这样，对方就会心情舒畅地一直跟你聊下去。结果，你赢得了他的好感，他也乐于回答你的问题。

用“回旋飞镖提问法”看穿对方的关注点

此外，还有一种“回旋飞镖提问法”，可以看穿对方的关注点在哪里。例如，当对方问你：“黄金周有没有去哪里旅游？”你反问道：“你呢？”像这样把同一个问题像回旋飞镖一样抛回给对方，就是所谓的“回旋飞镖提问法”。这样，也许就会兴致盎然地互相聊起黄金周去了哪里旅游。这种方法是基于一种假设：当对方问到关于黄金周旅游的问题时，就说明他对这个话题很感兴趣。

我记得上小学时，有的同学很想跟别人讲自己暑假去了哪里玩，就会先去问其他同学：“你去哪里玩了？”其他同学被问到这问题时，在提问的强制力作用下，会回想自己去了哪里玩，同时还会意识到：“他大概是想聊旅游的话题吧？”然后用“回旋飞镖提问法”抛回给对方即可。

前几天我去了钓鱼。钓鱼时，想钓什么鱼，鱼钩上就一定要放它爱吃的饵。即便把你自己喜欢的蛋糕挂到鱼钩上去，鱼也不屑一顾。要想吸引对方注意的话，问你自己感兴趣的话题是无济于事的。要想引起对方的兴趣，就必须以对方为中心，以对方喜欢的、关注的、有信心的、愉快的事情为话题。这样才能赢得对方的好感，得到自己想要的信息。

汽车大王福特说过这样的话：

“如果成功有秘诀的话，那就是要设身处地地站在别人的立场想问题。”

我们在谈话中进行提问时，也要设身处地地以对方关注的事情为话题。

提问时的态度比语言本身的影响力更大

为了正确理解对方的说话内容，我们边听边分析这三种信息：对方的表情和态度等视觉信息、声音的语调和强弱等听觉信息、话语本身的语言信息。当听者能获取这三种信息时，其中哪种信息的影响力最大呢？关于这一点，有一份心理学的研究结果——即“梅拉宾法则”。根据这一研究结果，影响力的强弱呈图3的比例。

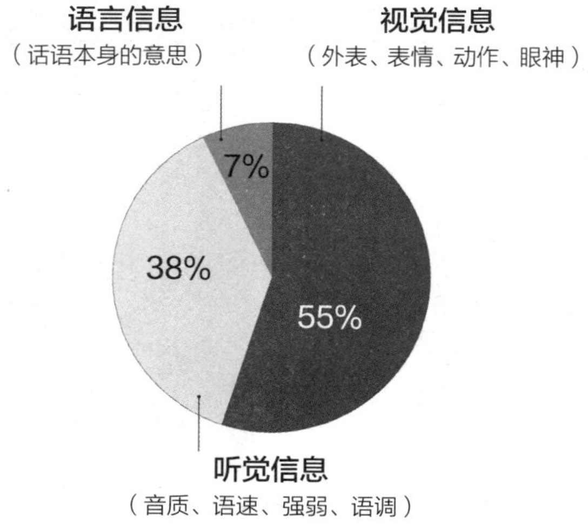

图 3　“梅拉宾法则” 听者受哪些信息影响？

从图3可知，在理解他人说话的过程中，眼睛看到的信息具有很重要的影响力。例如，如果一个人嘴里说着“你一定行”而同时摇头，那么他的话就不可信。如果用虚弱的语气说“你一定行”，同样也不可信。只有当视觉、听觉和语言信息完全一致时，说话才具有可信度。

因此，提问的时候，必须采取和提问内容一致的态度和语气。

既然提问，那就意味着“我很想听你的回答”。因此，提问的态度也必须与此一致。我给大家介绍几种方法。

附和・首肯

首先是“附和・首肯”。在对方说话的时候，点头并附和，以示意对方继续往下说。附和、首肯时要点头，表示肯定之意，对方就会觉得自己的意见被接受，自尊心得到满足。相反，如果听者无动于衷或左右摇头，对方就会感到不安。

我有时会应邀举行演讲或研讨会。如果听众对我点头，我就会倍感安心，说话变得轻松自如；如果听众没有点头，我就会担心：“咦？是不是没听懂？还是不感兴趣？”我无法判断他们是否理解和接受了我的话，于是只能在不安的状态下继续讲下去。我从中体会到了点头的效果。

因此，当我们向别人提问、对方回答的过程中，我们不要否定，而要附和或点头，这样才能引出对方的回答。

复述

复述对方说过的话也很有效。例如，当对方说“我觉得是系统本身有问题”时，就复述说“是系统本身有问题”。听到有人复述自己的话，陈述意见的一方就会产生有人倾听的安心感和连带意识，而且还会觉得自己被人接受，感觉到自己的重要性，使自尊心得到满足。

确认、改换说法

还有一种方法是“确认、改换说法”，效果和“复述”一样。例如，在对方说完一番话之后，用自己的话对其意见进行总结和确认，例如：“你是想说，问题不是出在指令系统，而是出在整个系统本身，我这样理解可以吗？”

这样一来，说话人就会觉得：“他在认真倾听并试图理解我说的话。”从而感到自己的重要性，使自尊心得到满足。

这对提问的一方来说，也是消除误解的必要行为。

姿态

根据“梅拉宾法则”可知，我们非常重视通过视觉获取的信息。也就是说，提问时的姿态也很重要。如果提问时态度傲慢、东张西望、抱着胳膊，摆出一副自以为是的样子，对方就不会搭理你。

所以，如果你想通过提问获得信息的话，还是要身体前倾、正视对方为好。这才符合礼仪。

另外，还有一种快速赢得对方好感的方法，叫“镜像法”——像镜子反射一样原封不动地模仿对方的姿态和动作。对方喝茶，你也喝茶；对方十指交叉，你也十指交叉。同时做出同样的举动，就能利用心理学的“相似性原则”，快速赢得对方的好感。

这个方法虽然也能用于男女之间互增好感，但男人需要注意——不要学女人那样经常用手拢头发或摆弄头发，这样反而有可能弄巧成拙，令对方反感。

提问&静待回答

篮球比赛中有一项防守技术叫“抢断”——防守队员从进攻队员手中抢夺走篮球。例如，在进攻队员运球过程中出手抢球，或传球时出手断球。进攻队员正要发起进攻，结果却被对方“抢断”，那心情别提有多郁闷了。

又比如，正要横穿马路时，右边突然冲出一辆车来停在跟前，挡住你的路，那肯定也相当郁闷。只能从车辆后方绕过去。

像这样，当你朝着某个方向行进时，如果被阻断前路，就会觉得心情郁闷。这个原则也适用于谈话。例如，公司同事之间的对话：

A“周末有没有去哪里玩？”

B“嗯，去了趟京都。然后……”

A“咦？去了京都？真羡慕你。我高中毕业以后就再也没去过京都了。我跟你说，我有个朋友在京都，他呀……”

B“…………”

像这样，正准备回答对方提出的问题时，却被对方突然插话，抢去了话头，自然十分郁闷。别人开始说话时，我们从中打断，说起自己的话题——我把这称为“抢话”，就像篮球比赛中抢断对方的球一样，把别人的话头抢走。

我在前文中说明“不可取的7种提问方式”时，提到了“立即否定对方的回答”“不等对方回答的连珠炮式提问”。这些其实是因为在提问过程中不尊重对方的回答而造成的。“抢话”也一样——自己向对方提问，其实只是自己想说，而把对方的话当成自己发言的铺垫，完全没有尊重对方的回答。可以说，这种行为跟不尊重对方本身是一样的，当然也就无法赢得对方的好感了。

为了赢得对方的好感，提问时必须对对方抱有兴趣和关心。也就是说，对对方抱有好感。这样就不会在对方回答到一半时打断他而说自己的话题。应该很想听完对方的回答才对。提问者的心理，会被对方看得一清二楚。如果提问者抢话，对方就知道：“唉，这个人根本不想听我说话。”而如果认真听完对方的回答，对方就会觉得：“啊，这个人对我的话很感兴趣。真开心。”

所以，要想赢得对方的好感，就要认真倾听对方说话。

另外，在对方回答之前，自己不可以先开口。既然提问了，就要静待对方回答，切勿着急。被提问的人，一定会先思考而后作答的。你只需要安静等待，不能妨碍对方思考。这也是提问者的礼仪，即所谓“提问&静待回答”。

并不是谁都可以快速思考、快速回答。有的人喜欢深思熟虑后再回答，有时则是问题本身难以回答吧。当然，有时沉默时间太长的话，未免使人觉得不自在。但这时对方有可能正在努力思考，你一开始讲话不就打断对方的思路了吗？

所以，除了对方显然没在思考或无意回答的情况外，提问者就应该贯彻“提问&静待回答”的原则。这样你最多不过失去一点时间而已。但如果你因为“抢话”而打断了对方的思路，则很可能招致对方反感。

赢得对方的好感之后，就试着说服他吧。如何通过提问来说服对方呢？

赢得好感的提问确认表

确认项目

check 1

提问对方时，自己是否对对方抱有好感和兴趣？（好感的互惠性） ➤ ☐ Yes ☐ No

如果选No **找到对方的优点、值得尊敬的地方。要意识到自己并非完人，对方有很多值得自己学习的地方。**

---

check 2

是否在努力寻找双方的共同点？（相似性） ➤ ☐ Yes ☐ No

如果选No **不妨随意问问对方的籍贯、学校、喜欢的食物、兴趣爱好等等。**

---

check 3

是否称赞了对方？（称赞） ➤ ☐ Yes ☐ No

如果选No **为了赢得好感，可以采取先夸对方然后询问的方式，例如：“你那副眼镜给人一种很酷、很睿智的感觉。我也想买一副，你是在哪里买的呢？”**

---

check 4

是否让对方想起开心快乐的事？（印象） ➤ ☐ Yes ☐ No

如果选No **要知道：人如果想起开心快乐之事，则心情愉快；如果想起悲伤之事，则心情忧郁。**

---

check 5

是否找到了对方有信心的话题？ ➤ ☐ Yes ☐ No

如果选No **谈论自己有信心的话题，能满足自尊心，获得存在感，使心情愉快。**

---

check 6

是否找到了对方感兴趣的话题？ ➤ ☐ Yes ☐ No

如果选No **谈论自己感兴趣的话题，可以说个没完没了。而且，在说话时心情舒畅。**

---

check 7

是否找到了对方觉得愉快的话题？ ➤ ☐ Yes ☐ No

如果选No **要想赢得好感，必须让对方觉得心情愉快。所以，寻找让对方觉得愉快的话题很重要。**

---

check 8

对方向你提问后，你是否反问了同样的问题？ ➤ ☐ Yes ☐ No

如果选No **人会问自己感兴趣的话题。既然如此，有人向你提问之后，你如果反问同样的问题，就有可能打开对方的话匣子。**

第3章

说服别人的“提问”

说服别人的两大原则

人产生意愿并付诸行动，是在什么样的时候呢？我们不妨试着思考一下自己的行为。为什么每天早上按时起床呢？有人是为了去上班，有人是为了做家务。迟到会挨上司骂，会被扣工资，长此以往的话，甚至还会被炒鱿鱼。——大多数人正是为了避免这样的损失而每天按时起床。

又如，去买新电视机。和过去的14英寸小电视相比，如果能用50英寸的大屏幕看电视节目或电影，那该多么惬意啊。——这是为了追求舒适度而去买电视机。

我们为什么要工作呢？——是为了获得生存所需要的收入。不过，仅仅为了满足最低生存条件而工作的人其实只是少数吧？有很多人，本来不愁吃穿，但却为了赚更多的钱而废寝忘食地工作。他们努力工作，是为了获得更多收入以过上更舒适的生活，或是为了获得更高的社会评价和名誉以满足自尊心。

由此可见，我们愿意去做某事，无非是出于以下两种情况：

1、为了满足自尊心而行动

能赚钱，能过上舒适的生活，能获得名誉，能获得友情……等等。

2、为了避免自尊心受伤害而行动

避开危险，防止别人对自己的评价变差，防止自我评价变差……等等。

人愿意做某事，是为了满足自尊心、或为了避免自尊心受伤害而行动。既然如此，我们想说服别人时，就需要通过提问来满足对方的自尊心,或防止对方的自尊心受伤害。例如问对方：“你想不想向朋友炫耀你的大屏幕电视机，让他羡慕一下？”——这种提问方式，就是试图满足对方的自尊心。又比如这样问对方：“如今，大多数人家里都有大屏幕电视机了。如果你只有一台小电视机，被朋友来家里看到的话，不觉得很没面子吗”——这种提问方式，就是为了唤起对方想要避免自尊心受伤害的心情。。

先动之以情，而后晓之以理

另外，还有一点很关键——那就是“理性”和“情感”的关系。我们愿意行动时，“理性”和“情感”的关系是怎样的呢？还是以购买电视机为例进行说明吧。

目前用的是14英寸的电视机，画面特别小，总觉得看不清。一问朋友，他说他家里有37英寸或43英寸的大电视，看电影时很有现场感、简直是高级享受，还说“现在谁家没有大屏幕电视机呀”。听朋友这么说，你也很想“用大屏幕电视机欣赏电影”，而且还担心：“如果家里只有小电视机，别人会以为我穷得连电视机也买不起，那就太没面子了……”心有不甘之下，前往电器商城买电视机。看过各种品牌和型号之后，相中了一款50英寸的电视机。一看价格——40万日元！一次性付款太贵了，好像还能分期付款。考虑一下今后的资产规划——半年后，自己居住的房屋租赁合同续期时需要一笔钱，所以现在不能破费这40万日元。因为价格关系，最后只得买了37英寸的电视机。

通过这个例子可以知道，首先，这个人内心的情感活动是“想要大电视机”“不喜欢小电视机”。在进入购买阶段时，才开始用理性思考：“太贵了。那要不要用分期付款？”由此可见，人的行为过程首先是情感被打动、产生欲求，然后再用理性使自己的行为正当化。

电视上的广告节目会严格遵守这一流程。他们绝不会从一开始就说出价格，而是先极力展示商品的优点，让消费者产生购买欲望——即情感被打动。进入这一阶段之后，才告知价格。然后，在理性思考的阶段，再提供“分期付款”或“零利率”等信息，促使消费者用理性把购买行为正当化。有时还会提供附送赠品的信息，进一步使购买行为正当化。经过这一过程，消费者才最终决定购买。

因此，要想说服对方，关键是要“先动之以情，后晓之以理，使其行为正当化”。

为了实现这一过程，我们可以运用“提问”这种强有力的武器。我在前文说过，提问具有“①强制对方思考”和“②强制对方回答”的力量。既然要遵循“先动之以情，后晓之以理”的流程，那就先提“打动情感”的问题，然后再提“理性思考”的问题。

运用巧妙的提问方式说服对方吧。

设计能说服对方的“台词”

前文说过，要运用“提问力”说服对方，需要“先动之以情，后晓之以理，使其行为正当化”。当然，要想发挥更强大的效力，则需要设计“台词”。

再回想一下广告节目的流程吧。在推销腹肌运动器材的广告节目中，一开始会播放使用产品前的大腹便便的画面，促使观众重新审视“自身存在的问题点”，产生“想收腹”的欲求。然后，请身材苗条的模特儿出场，让观众意识到目前自身状态与模特儿的差距。与此同时，把“正常的身材”“理想的身材”形象化，唤起观众“想获得如此身材”的欲求。然后，提供“达到理想身材的方法”——播放使用腹肌运动器材的画面，让观众进行直观的体验。这样，就能使观众达到“想要这个腹肌运动器材”的情感状态。动之以情后，再罗列各种使购买行为正当化的理由：价格合理；可以分期付款，不会造成经济压力；训练轻松；收起来也很方便；还有赠品附送……

要想说服对方，就需要让他体验这种从心动到行动的过程。如果顺序错乱，对方就不会产生购买意愿。例如，在推销腹肌运动器材时，如果一开始就告知“这件商品的价格是3万日元”，那么对方就会进行理性思考：“要是花3万日元，这个月我就没钱去喝点小酒了。这件商品真的值这么多钱？真的有效果？还是先看看再说吧。”一旦对方这么想，你就算说破嘴皮他也不会马上购买了。

由此可见，运用提问方式来说服对方时，需要设计让对方心动的“台词”，并按照“台词”进行提问。

举个例子，假设丈夫想在黄金周带全家去泡温泉，于是就问妻子：“黄金周想去哪里玩？”妻子回答：“好呀，偶尔也想去国外走走呢。去关岛怎么样？”话已至此，就算丈夫说“想去泡温泉”也已经太迟，已经形成了“关岛vs.温泉”的对立局面，到底听谁的就只能谈判了。这是因为提问顺序不对而产生了对立关系。

先设计好提问“台词”，可以操纵对方的想法，操纵对话过程。像刚才这个例子，如果先设计好提问“台词”，结果又会如何呢？

首先，租来宫崎骏导演的《千与千寻》DVD，和妻子一起观看。

丈夫：“你是不是偶尔也想去泡泡温泉？”

妻子：“是呀。”

丈夫：“如果是像电影里那样的温泉，你肯定很想去吧？”

妻子：“当然啦。”

丈夫：“《千与千寻》里的温泉是按外景实地创作的，你不知道吗？”

妻子：“啊？真的？我还真不知道呢。”

丈夫：“那温泉就在○○，想不想去？”

妻子："当然想去呀。"

丈夫："那我先查一下，趁刚看完电影印象比较深，就在黄金周的时候去吧？"

妻子："好呀！"

最终是不是这么轻而易举就成行了先不管，至少能比先前那种失败的提问方式大幅提高成功率吧。这是为什么呢？在失败的例子中，是问"黄金周想去哪里玩"——这是开放式问题，所以妻子可以自由思考。结果，妻子想："去哪里玩呢？对了，去关岛吧。"于是唤起了想去关岛的情感。丈夫后来再说"去泡温泉"时，已经被唤起的"关岛"之情就和"温泉"形成了对立局面。

而在成功的例子中，先观看和温泉有关的电影，酝酿对于温泉的向往之情。然后提出"想不想去泡温泉"的封闭式问题，使对方只能回答"是"或"否"——一般都会得到肯定回答。然后，和电影联系起来进行提问，加深对于温泉的印象。为了进一步激发兴趣，再通过提问来暗示电影里的温泉真实存在。对方无论是否知道它真实存在，都会被激发起兴趣。然后，再次用封闭式问题询问"想不想去"，就一定能得到"想去"的回答。

确定下来要去之后，就剩下"什么时候去"的问题，这时只需提议黄金周即可。

按照这番"台词"进行提问，就不会出现刚才那种"关岛vs.温泉"的对立局面。因为已经决定要去泡温泉，剩下的只需提议"黄金周去”而已。即便妻子原来想在黄金周去关岛，但此时的情感已经转化为“想去温泉”的模式。在这种状态下做选择，和在中立阶段做选择，结果自然大不一样。

很多律师都读过《辩护的黄金法则》（基思·埃文斯著）这本书。书中介绍了英国系列喜剧《是，大臣》（Yes, Minister）中的一个场面，这里引用如下。这个场面讲的是教部下如何在舆论调查中获得自己想要的结果，话题是关于是否支持恢复征兵制。

“喂，伯纳德，一位美丽的年轻夫人抱着写字板过来了。你首先得给她留下好印象才行。你可不想被她看成是无能之辈吧？”

“嗯。”

“她开始提问：你是否担心许多年轻人正在失业的问题呢？”

“是的。”

“你是否担心十几岁青少年犯罪数量渐增的问题呢？”

“是的。”

“你是否认为我国中学的规章制度有所欠缺呢？”

“是的。”

“你是否认为年轻一代在人生中也会乐于接受一定程度的权威和指导呢？”

“是的。”

“你是否认为他们会迎接挑战？”

“是的。”

“你是否支持恢复征兵制？”

“噢……嗯，是的。”

“是支持，还是反对？”

“支持。”

“你当然支持啦，伯纳德。无论你支持还是反对，在这种情形下，你已经说不出反对的话啦……那位年轻的夫人要是换一种问法，还能引导你说出完全相反的回答哩。”

“怎么问？”

“先生，你是否担心战争的危险呢？”

“是的。”

“你是否认为让年轻人拿起武器、让他们学习杀人是危险的呢？”

“是的。”

“你是否认为强迫人们违心地拿起武器是错误的呢？”

“是的。”

“你是否反对恢复征兵制呢？”

“是的！！”

“你瞧，就是这样，伯纳德。你简直就是墙头草的完美典范。”

这种方法，是借助逻辑的“台词”限定对方的思考方向，引导出自己想要的回答。

人的思考要沿着一定路线才能到达结论。如果想说服对方，就要提前设计好提问的“台词”，让对方沿着自己希望的路线进行思考。这样，才能最大限度地发挥用提问“强制思考”的功能。

要想说服对方，就要善于提问

物理学中有一个“相互作用力原则”：向某个方向施加一个力，必定会产生同样大小的反作用力。这个原则也同样适用于人心。一旦试图强迫别人做某事，对方就会以同样的力度进行反抗。

我上小学的时候，成绩虽然不算差，但还是很讨厌学习。每次父母问我“写完作业没”，我就会立刻失去劲头，顶嘴道：“唉，我刚才正准备要写的，现在又不想写啦。”当然，我自己也明白不好好学习是不行的。但被强迫的时候往往会产生逆反心理，这是人的本性。相反，每当父母夸我说：“你这次语文测验考了90分呀，不错嘛，真让我开心。你是怎么学的？”这时我就会高兴不已，想着再接再厉，自己主动开始学习。因为，这种时候我没有被说教、被强迫的感觉。

一旦被人命令或说教，就会觉得自己的存在感降低，自尊心受到伤害。人不愿遵从他人命令行事，但乐于依照自己的意愿行动。因此，试图要说服别人的时候，请不要被对方觉察到你在劝说他哟。这是很重要的原则。然后，要设法让他自己想出答案、做出决断。所以就需要提问。

举个实例吧。某公司眼看就要拿到一笔大订单了。然而，当时的状态是，除非员工们连日加班，否则无论如何也不可能在规定日期前交货。这时，如果老板贸然接下订单，然后向员工们宣布：“大家听着，接下来这3个星期就没得休息了，每天都要加班。”结果会怎样？当然会遭到大家的强烈反对。

但如果换一种方法呢？——老板召集全体员工，平静地对大家说：

“现在有这样一笔大订单。按正常业务进度的话，无论如何也无法在规定日期前交货。所以我们可以不接这笔订单。不过，如果这次能接这笔订单，以后就可以和客户签下一份大合同，这样能促进公司发展，大家的工作就会比较稳定，而且还能加工资。”

然后，再问员工们：“这笔订单要怎么做才能赶上交货期呢？”于是，员工们纷纷为如何赶工期而出谋划策，并最终决定接受这笔订单。——本来是公司强迫加班，现在却变成员工们自己的工作。听说，后来他们齐心协力地做到了按时交货，公司也发展得越来越好。

不要强加意见，而要通过提问方式说服对方

以下是我20多岁时的一次经历。那时我接下了一单诉讼案，这件案子从证据来看，是不利于委托人的。幸亏对方辩护律师忽略了重要的证据，我才得以设法挽回局面，并收到了法院的和解调停书。如果拒绝和解，转入证据调查程序，就很有可能出现对我方不利的局面。于是，我劝委托人："应该同意和解。"

然而，委托人却坚持不肯和解："你不能这么没志气。律师先生，加把劲儿呀。"

"这不是有没志气的问题。○○先生，我们应该同意和解的。"

反复劝说无效之后，我最终还是决定遵从委托人的意愿。因为，虽然从经济方面来说和解对我方有利，但如果事后后悔的话，那就毫无意义了。我决定找到让委托人满意的解决方案。我对委托人说：

"我明白了。那就在争取在判决中胜诉吧。我会尽力的！不过，我要先跟你说清楚其中的风险。"

接着，我向他说明了拒绝本次和解会有什么风险。说完后，我问他："我会按照你的意愿全力进行辩护。在你了解上述风险的基础上，拒绝和解、转入判决程序，你看可以吗？"我当时是真的抱着这样的

念头。

这时，刚才任我磨破嘴皮也不肯同意的委托人却说道：“我还是和解吧。好像和解才对我有利。”最终就这样达成了和解。

当然，一开始委托人不肯听我劝说，恐怕也是因为还没有充分信任我。但从这件事上，我也深刻体会到：当被别人强加意见时，我们往往会产生逆反心理，甚至把得失置之度外。

像这样，我们讨厌被人强迫，而乐于遵从自己决定的事。所以，不要对别人强加意见，而应该采用能说服对方的提问方式。

同样地，想要说服对方，不能采用在争论中驳倒对方的做法。因为，即使驳倒对方，也无法打动他的情感。情感没被打动，人就不会产生意愿。从这个意义上来说，我们也要采用能打动对方情感的提问方式。

采取提问方式，取得对话的主动权

在销售等场合中，需要探知顾客的需求。这时，提问就是强有力的武器。例如，假设有顾客来看电冰箱时，售货员像下面这样接待的话会如何呢？

售货员："欢迎光临。您想买电冰箱吗？"

顾客："是的。"

售货员："现在这个款式是最受欢迎的。外观的木纹风格非常雅致，冰箱门是对开门，用起来很方便，深受用户好评。而且，价格方面还能给您打个折，您觉得可以吗？"

顾客："我只是随便看看。"

顾客说着就走出店门，恐怕再也不会回来了。因为，这位售货员完全没有考虑顾客的情况，而只是想着自己的销售业绩。买冰箱的是顾客，而不是售货员。顾客要买的，不是售货员推销的商品，而是自己想要的商品。这一点请务必铭记在心。

售货员只要明白这一点，就知道必须弄清楚顾客的需求——顾客想要什么样的冰箱、以及买到冰箱后会如何改善生活。当然，了解顾客的需求之后，还必须知道预算是多少。要想问清楚顾客的需求，可以像下面这样提问：

售货员：“您这次是换新还是头一次买呢？”

顾客：“换新。”

售货员：“您原先使用的是什么款式的呢？”

顾客：“是两扇门的小型冰箱。”

售货员：“您这次想换新的，更注重哪些方面呢？”

顾客：“想要一台冷藏室更大点的，能放多些东西。还有，能多制冰的。”

售货员：“还是大容量冰箱更好吧。我家里也有很多人，所以需要大冰箱。对了，您打算用冰箱放什么东西比较多呢——比如说饮料或蔬菜什么的？”

购买商品的是顾客，而不是售货员。既然如此，当然就必须推荐符合顾客需求的商品。所以，关键是要先提问，取得对话的主动权，从而引出顾客的需求。

用“假设问题”引出对方的真心话

接下来介绍一种用“假设问题”引出对方需求的技巧。所谓“假设问题”，就是提出“假如……的话会怎么样呢”之类的问题，以此引出对方的需求。既然是假设，就可以在不提及自己的情况下获取对方的信息，可谓是一项神奇的技巧。例如：

顾客：“不，我只是随便看看。”

售货员：“好的，请慢慢看，我来为您作介绍。对了，假如您要买的话，预算大概是多少呢？”

顾客：“嗯……○○万日元左右吧。”

售货员：“这个预算的话，可以选择的种类很多。假如您要买的话，比较看重哪些方面呢？”

顾客：“容量吧。家里人多，现在的冰箱不够用呀。”

像这样，由于是“假设”，很多时候对方也能够坦然地说出真心话来。另外，在实际交谈中不肯透露的情况，有时也会因为处于“假设”之中而脱口而出。只要了解对方的预算价格和侧重点，就能向对方传达符合其需求的冰箱的优点，并让他明白这个价格是合理的，这样对方就有可能会购买。所谓“我只是随便看看”之类的话，大可不必相信。如果没有兴趣，就不会特意跑来电器店看冰箱了。

即使遭到顾客的拒绝，只要运用“假设问题”，也有可能探问出对方的需求。

这并不仅限于销售的场合。作为辩护律师，即使和对方处于对立关系时，也会经常使用“假设问题”。例如这么问对方：

“假设双方同意过失责任比例为10%和90%，那么赔偿费用就是3千万日元，没错吧？”

有时候，顾客会反过来问售货员。

顾客：“广告上说的特价电冰箱有吗？”

售货员：“有的。”

顾客：“嗯……还能便宜多少呢？”

售货员：“唉，没法再优惠了。”

顾客：“那算了，我再到别处看看。”

这样说是不行的，因为没有引出顾客的需求。顾客既然提问，就相当于向你坦白说“对这件商品感兴趣”。这时你就得巧妙地进行提问，了解他的关注点和需求。

顾客："广告上说的特价电冰箱有吗？"

售货员："您想买那一款急冻冰箱吗？"

顾客："嗯，我记得好像价格很便宜的。"

售货员："根据顾客的需求，可能还有更加优惠的商品。您现在使用的是什么样的电冰箱呢？"

像这样，借助"回旋飞镖提问法"，针对顾客的提问，用提问进行回应。顾客提问的内容，反映了他的需求，可以从中了解顾客的关注点。如果不感兴趣的话就不会提问了。因此，不妨运用"回旋飞镖提问法"迅速地把问题抛回去，以此探问出顾客的需求。

威胁对方时也可以运用提问方式

人之所以愿意采取行动，或是为了满足自尊心，或是为了避免自尊心受伤害。如果想利用“避免自尊心受伤害”来说服对方，最好的办法是威胁。这也是黑社会和流氓地痞的拿手好戏。比如说：“你不把钱拿出来的话，我就给点厉害你看看！”对方为了避免受到损害，只能很不情愿地花钱消灾。

然而，普通人会觉得威胁别人的话很难说出口，因为担心会破坏双方的关系。现在，我就来教你一招，让你学会运用提问方式威胁对方，而同时又不让对方感觉到你在威胁他。

这种方法就是要向对方传达：“从个人情感上说，我并不愿意这么做，但最后会自然而然地出现这样的结果。”举个生意场上的例子，当有的供应商不肯接受降价时，你可以这么说：“作为我个人来说，非常想和贵公司继续合作。但我们公司前几天的会议上已经明确了这样的方针——和所有不接受降价的供应商结束合作关系。我也没办法。所以，这次能否请您想想办法呢？”采取这种说法，就能减少一些威压感，不会招致对方的抵触情绪。而同时“结束合作”这一威胁又能收到充分的效果。

要威胁别人时，关键不在于用可怕的语气，而在于蕴藏在话语内容中的恐惧感。只要能把这种恐惧感传达给对方，威胁就会收到效果。因此，要威胁别人时，不妨运用提问方式，向对方传达：与你意志无关的某个危害有可能会出现。这样，对方为了避免这个危害出现而伤害自尊心，就会改变主意的。

遭到对方反驳时，应该积极应对

当我们想说服别人时，有时会遭到反驳——确切地说，是遭到反驳的时候更多吧。一遭到反驳，有人就会马上就打退堂鼓："唉，对方不愿意。"可是，我们不能一见对方摇头就轻易放弃。既然对方提出反驳的理由，就等于告诉我们：只要解决了这个问题点，就能够成功地说服对方。应该从积极的角度进行解释。倒是那些一声不吭就扬长而去的人，才是最难啃的。相比而言，我们更欢迎提出反驳的人吧。

当遭到对方反驳时，我们应该从积极的角度进行解释，然后通过提问，引导对方向自己这边靠拢。这种提问方式，就属于"积极应对的谈话技巧"。

接下来，以推销产品时经常碰到的反驳理由为例进行说明。

1 "没有预算"

"没有预算"是很常见的反驳理由。当你听到客户抛出这句"没有预算”时，是不是就认定无计可施，然后马上打退堂鼓了呢？又或者，你会改变策略，向对方推荐价格更低的产品？——这时候应该坚持住，不能动摇。因为，对方是否真的没有预算来购买这套产品，其实还有商量的余地。

首先，我们不妨从积极的角度对客户提出的“没有预算”进行解释：

“其实是想买的，但预算不够。如果你能证明‘使用这套产品能降低成本或提高利润’，那还是能筹到经费的。”

这样解释的话，显然还有商量的余地。接下来，可以通过提问的方式，继续展开谈判：

“谢谢。想必您也明白这套产品的优点，这让我感到很欣慰。如果能解决费用问题的话，您就会购买吧。既然这样，如果我能证明‘贵公司引进这套产品很有好处，能降低成本或提高利润’，您就会购买，对吧？”

② “不需要”

当听到客户说“不需要”时，有的人一下就没了词儿，灰溜溜地走掉了。其实，我们不妨从积极的角度进行解释：

“我知道这套产品不错，但希望你能证明‘我公司使用这套产品有什么好处，能提高多少利润，或者降低多少成本’。如果你能证明的话，那我们就会购买。”

这样解释的话，显然还有继续商量的余地。接下来，可以这么提问：

“对不起，我说得不够详细。您是想了解贵公司引进这套产品之后有什么好处，对吧？如果我能证明这套产品对贵公司有很大好处，您就会购买，是这样吧？”

③ “我想再看看别家的”

最近，因为谷歌和雅虎等搜索引擎的功能越来越发达，所以客户的购买行为也随之发生了变化。想要购买什么东西时，一定会检索一下其他店，货比三家之后再买。所以，现在经常会听到客户说：“我想再看看别家的。”

对于这样的反驳理由，我们不妨从积极的角度进行解释：

“如果你能证明这套产品比别家的好，那我就购买。”

接下来，可以这么提问：

“对不起，我说得不够详细，没说清楚这套产品比别家的优惠多少。如果我能证明这套产品比别家的都划算，那么您就会购买，对吧？””

④ “我想再考虑一下”

人们经常担心自己因为错误的决定而后悔。购买之前，纠结于“买这件商品真的好吗？会不会有其他更好的商品？”购买之后，同样纠结于“这件商品真的买对了吗？买别的商品是不是更好？”于是，往往不敢贸然决定，而是说：“我想再考虑一下。”

然而，我们不能默许这样的拒绝理由。因为，如果让对方“再考虑一下”，结果只会是一直都无法决断。我们要相信自己的产品，相信“顾客现在决定购买是对他最有利的”，劝说他购买。

首先，要从积极的角度对“再考虑一下”进行解释：

“如果你能证明现在买比较划算，那我就购买。”

那我们就证明给对方看。可以这么提问：

“可能我对这件产品介绍得还不够充分。您可以再考虑，但您在考虑过程中如果有什么疑问的话，我不在旁边就没法立刻回答。所以，我觉得最好是现在就能解决这些疑问。我会尽我所能回答您的。您想了解哪些方面呢？”

像这样，遭到对方拒绝时，应该积极应对，从积极的角度对对方的想法进行重新解释，同时进行提问以解决问题。只要解决了问题，顾客就会购买的。除了刚才举的例子，遇到其他被拒绝的情况时也一样。只要保持积极的想法，就能解决问题。在这种时候，前文提到过的“假设问题”会很有效。对方反驳你，就相当于把拒绝理由明确地告诉了你。这时可以运用“假设问题”：“您没有决定购买，就是出于这个顾虑吧？假如可以解决这一点，您就会购买，对吧？”只要对方点头，就说明他已经受控于你的话语，最终一定会购买的。

如果经常销售某种商品的话，就会经常遇到同样的拒绝理由。如果每次都要考虑如何应对，反应太慢，又容易出错。因此，既然会出现千篇一律的拒绝理由，不如把应对的话语写下来并记住它。这样，只要遇到同样的拒绝理由，你就能不假思索地马上回答，心情也会变得无比畅快。

这不仅适用于销售行业，也适用于其他各种场合被拒绝的情况。请你根据自己的具体情况加以运用吧。

用“积极应对的谈话技巧”抵挡住对方的反驳后，还可以用提问方式逼迫对方做最后决断。你知道怎么问吗？

逼迫对方做决断的提问方式

人们讨厌被别人命令或强迫，而希望能自己想主意、自己做决定。一旦被别人命令或强迫，就会觉得自己做决定的自由受到了侵害。可是，如果选项太多，则会导致自己难以做决定。对自己的判断缺乏自信，担心事后后悔，所以无法抉择。

所以，在逼迫对方做决断时，要限定选项，让他从这些选项中进行选择。提供2至3个选项比较合适。超过4个的话，对方选择起来会有负担。

前几天，我去餐厅用餐。点完菜，想喝点葡萄酒，就让服务生拿来葡萄酒单。可是，打开一看，上面罗列的净是些我既没看过也没听过的酒名。我不知道该选哪个好，于是叫来侍酒师，问他今天的菜搭配哪种酒比较合适。他向我推荐了一款葡萄酒，说道：“要搭配今天的菜，我推荐这款葡萄酒。”当然，选这款葡萄酒也不错，但我总觉得自己没有决定权，心里有些不快。而且，虽然是我请对方推荐的，但却难免有种被强迫的感觉。见我犹豫不决，侍酒师又补充道：“另外，还有这款和这款也挺合适。”于是，我立刻恢复了自己的决定权，自信满满地点了其中一款。然后，我边喝葡萄酒边吃菜，大快朵颐。

“选项太多”时，我犹豫不决；而“对方只提供1个选项”时，则有被迫之感，所以没有听从对方的推荐。最后，“对方提供3个选项”时，我才能安心地做出决断，从中选择一款。

尽管这只是一件小事，但也足以说明：当对方只提供1个选项时，我们会有被迫之感，觉得失去了自己决定的自由；而当对方提供几个选项时，我们就会觉得可以自由决定。

因此，让别人做决断时，不妨先从多方面探寻其需求，再缩小范围，缩小到一定程度后，就提出2至3个选项，问对方想要哪个，逼迫其做出选择。这样的话，对方会更容易做决断，而且也比较少在事后感到后悔。

误导式提问~这种禁术能让人在不知不觉间承认

我在“不可取的7种提问方式”的章节里提到过“误导式提问”。利用误导式提问的强大威力，可以说服对方。在这里先复习一下——所谓误导式提问，就是以错误事实作为前提进行提问，以试图引导出有利于自己的回答。例如：

辩护律师：“证人是否知道这件商品大受好评的原因？”

反方辩护律师：“反对！这是误导式询问。‘这件商品大受好评’还没得到证实。而这一点本来就是本次庭审的争议重点。”

辩护律师问“证人是否知道”，但知道的对象是“这件商品大受好评的原因”，这个问题是以“这件商品大受好评”为前提的。证人回答“知道”的话，当然就说明这件商品大受好评；即使证人回答“不知道”，也能得出“商品大受好评，但证人并不知道其原因”这一结论。这样的误导式提问具有推导出错误结论的威力，所以在庭审中被禁止使用。

事实上，只有在询问过对方“是否听说这件商品大受好评”而且得到肯定回答的情况下，才可以继续问下一个问题。

虽然误导式提问在庭审中被禁止使用，但在实际生活中却可以充分运用。

我自己就曾经吃过误导式提问的亏。我是在爱知县出生长大的，后来到东京上大学。刚到东京时，自己找住处。一位房产中介大叔带我看了两处房子。看完回去时，他问我：

“刚才看的两处房子，你选哪个？”

当时我正在想着其他事情，被他这么一问，不由觉得自己必须从中选择一处，于是回答：“后面看的那个比较好。”中介大叔说：“那就租那个吧。”接着就很快地把相关事项确定下来。结果，我住进了那间离学校相当远的公寓。

这种误导式提问的技巧，也可用于推销商品等场合。

“这款车的耗油量非常少。颜色方面，您是要黑色还是白色呢？”

“黑色的不错。”

“我也喜欢黑色的，看上去特别稳重。我们有300cc的和350cc的，您要哪一款呢？”

“嗯……看价位吧。”

“也对。付款时，您是用现金还是用贷款呢？”

“用现金支付。”

“非常感谢。顺便问一下，您希望下周末交付车辆还是下下周末呢？”

在这个例子中，推销员避而不谈“是否购买”，而以“当然要买”为前提来设计问题。因此，顾客也只能以“要买”为前提进行回答，然后就会被引导购买。

我们做律师这一行的，在进行债权回收时也可以运用误导式提问。例如：

“你要支付三百万日元。是现在马上能付，还是等一周之后再付？”

“我……我拿不出这么多钱，得找人商量才行。”

“可不管怎么样，现在总得拿一点出来。是先付10万，还是20万？”

“那就先付10万吧。”

“还有，延迟支付是要缴纳违约金的。你要找保证人还是用物品抵押呢？”

在这个例子中，律师避而不谈“是否付款”，而以“当然付款”为前提设计问题。所以对方无法以“不付款”为前提进行回答。接下来只需谈具体的付款条件即可，谈判显然对催款人有利。

想让别人在合同上签字时，也可以运用这种误导式提问的技巧。

例如：当看见客户犹豫着要不要在合同上签字时，就递给他一支铅笔，说："请在这里签字。"对方心想"不可能用铅笔签合同呀"，于是提出疑问："啊？用铅笔吗？"这时，你只需立刻说"哎呀，拿错了"，随即把签字笔递过去，就能让对方顺从地签字。

"不可能用铅笔签合同"这一想法，实际上已经把"签合同"当作了前提。避而不谈"是否签合同"，而转换为"签合同是用铅笔还是用签字笔"的问题。

此外，像下面这些误导式提问也是行之有效的：

"什么时候送货比较好呢？"——以"订货"为前提。

"先穿哪种颜色的衣服呢？"——以"试穿"为前提。

"对于我公司的优质产品，您以后也会一直感到满意吧？"——以"一直以来就感到满意"为前提。

误导式提问在想要说服别人时具有强大的效力，希望大家能运用自如。

我和亚当都无法违背“稀缺价值原则”

这是我当上律师后在市内寻找租住公寓时的一个事例。我当时想找市中心附近的高级公寓，有看到比较满意的，但我又想着“可能还有比这更好的”，于是就对房产中介说：“请改日再带我去看看别的房子吧。”

那个房产中介说道：“好的。不过，您刚看过的这套公寓很抢手，很快就能找到租客的。您确定不签约吗？”

在那一瞬间，我感到非常不安。虽然还想再看看其他公寓，但又怕这里被别人租走。我心想：

“可能没有比这更好的公寓了。如果我再去看其他公寓，被别人租走的话，我就会失去住在这里的机会。难得找到一处好地方，被别人租走就太可惜了，我肯定会后悔的。”

于是，我变得坐立不安，当场就和房产中介签订了租房合同，决定租下这间公寓。我不知道那个房产中介说的是不是实话。而且，事到如今我也无从知道有没有其他更好的公寓了。总之，当时我正是出于“害怕失去”的心理而突然觉得这间公寓是很有价值的，所以才签订了合同。

像这样，对于越是减少或消失的东西越感觉有价值的这种心理，就称为“稀缺价值原则”。正如前文提到的一样，我在学生时代寻找公寓时就上过“误导式提问”的当，而成为律师后又中了“稀缺价值原则”的圈套，签订了租房合同。

这个稀缺价值原则，利用了人们害怕“被剥夺获得某种东西的自由”的心理。某种东西数量稀少或正逐渐消失的话，人们就会失去获得它的自由，因此感到恐惧，从而丧失冷静的判断力。另外，原本大量存在的东西，由于被别人获得而逐渐减少的情况下，我们就会觉得：“他们一定是知道了某些我不知道的信息（关于该物品具有价值的信息），所以才会去抢购。”然后，在“社会认同原理”（后文会进行说明）的作用下，我们会觉得该物品是很有价值的。这个稀缺价值原则，在日常生活中随处可见。

麦当劳在2007年1月12日至同年2月4日期间，推出了限时供应的“巨无霸汉堡包”。按当初预计，12日（周五）到15日（周一）的这4天内将卖出168万份。然而实际上，这4天的销量竟然达到332万份，大约是预计销量的两倍。——消费者觉得一旦错过这次机会就再也吃不到“巨无霸汉堡包”了，高估了其价值，所以争先恐后地去购买。说句题外话，麦当劳擅于利用稀缺价值原则搞限时供应促销，推出“赏月汉堡”（秋季）、“照烧蛋汉堡”（春季）、“奶汁烤菜炸肉饼汉堡”（冬季）等活动。

除此之外，人们在百货商场或店铺等地方看见写着“售罄”二字时，就会觉得那件商品是很有价值的东西，后悔没有早点买。

看见写着“七折销售，仅限今日”时，就觉得今天非买不可，否则就会吃亏，从而丧失了冷静的判断力。

“这款机器只剩下10台。其中5台已经有人预订了，所以只剩下最后5台。”——听到店员这么说时，我们就觉得必须尽早预订才行。

我们做律师这一行的，也会运用稀缺价值原则。例如，与对方谈判时说：“对于这项方案的答复期限是9月5日。过了这一天还没有答复的话，这个方案就会撤回。”对方听到这么说时，就会担心失去这个解决方案的机会。

假如罗密欧与朱丽叶能得到双方家庭的祝福，或许就不会爱得如此刻骨铭心吧。正因为遭到周围的反对和阻止，无法与对方喜结连理，所以两人才爱得那么执着，甚至为了永远的爱而不惜殉情。同理，陷入倦怠期的情侣，一旦其中一方身边出现其他异性的身影，就会立刻燃起爱情之火——这也是出于“稀缺价值原则”。

《汤姆索亚历险记》的作者马克·吐温说过：“亚当之所以对那个苹果如此渴望，并非因为他很想吃，而只是因为那个苹果是禁忌之物罢了。”（《名言·名句新辞典》樋口清之监修，旺文社出版。）对于被禁止的事物，人们反而会很想得到。

我在电视新闻里见过商场大甩卖的情形——所有人都发疯似的冲向商品货架，仿佛互相厮杀似的抢夺商品……假如顾客人数少的话，就绝不会出现这样的混乱场面。之所以造成这样的混乱，是出于一种“不快点抢购的话会被其他顾客捷足先登”的恐惧心理。

要想利用稀缺价值原则说服对方，可以采取下面这样的提问方式：

1 已经失去采取行动的自由

这种方法，是通过已经卖完、或无法再买到而提高其价值。当顾客知道再也买不到时，就会觉得它是很有价值的东西，甚至连相似的商品也似乎变得很有价值。

售货员问：“这款已经卖完了，您要不要看看类似的商品？”或者说：“噢，请稍等，好像还剩最后一个。如果还有的话，您要购买吗？”在稀缺价值原则的驱使下，顾客说“要买”，于是生意就做成了。“假设问题”在这里也能派上用场。那些狡猾的商人，即使在库存剩余很多的情况下，也可能会贴出“售罄”的字样以达到这种效果。

2 害怕被剥夺自由（期限）

这种方法，是首先设定期限，告诉顾客一旦过了期限就买不到了，让他们产生失去自由的恐惧感。

“再过1天就买不到了，您不打算现在买吗？”

3 害怕被剥夺自由（数量）

这种方法，是首先设定数量，告诉顾客商品数量会逐渐减少，很快就买不到了，让他们产生失去自由的恐惧感。

“库存只剩下3个了，您不打算现在买吗？”

像这样，告诉对方他将丧失购买机会，并通过提问方式向对方表明：“你现在还有权购买；但如果被别人先买走，你再也买不到的话，责任自负哦。”以此激发对方的行动意愿。人在被迫要做决断时，会因为害怕后悔而“想再考虑一下”，推迟做决断。但如果利用稀缺价值原则，就会使人产生“推迟决断会后悔”的恐惧感。因为害怕推迟而失去做决断的机会，所以往往会决定购买，以求得暂时的安心。

渴望获得成果时，提问要分三步走

我们从小就很熟悉的民间传说《仙鹤报恩》，讲了一只仙鹤为了报答自己的救命恩人而织布报恩的故事。我们也一样，接受别人的恩惠之后，总觉得非要给予回报不可。而且我们一直以来接受的也是这种教育。这样做是为了保持人际关系的平衡。像这样，接受别人的恩惠之后总觉得要给予回报的心理，就叫“回报性原则”。

这种回报性原则在日常生活的各种场合随处可见。收到贺年卡后，要回寄贺年卡，如果来不及的话则过后回寄寒冬问候信——正是出于这个道理。如果没写回信，有的人还会在下次见面时特意为此道歉：“难得收到了你的贺年卡，却没有写回信，非常抱歉。”如果收到生日礼物，就需要在对方过生日时回赠礼物；情人节那天男方如果收到女方赠送的巧克力，那么无论如何都要在白色情人节[①]那天回赠礼物；在葬礼上收到奠仪之后，也必须回礼……这些例子都能说明回报性原则已经变成了一种社会常识。

这个原则也被应用于商务领域。例如，在超市里，笑容满面的售

① 白色情人节：每年3月14日，按日本的风俗习惯，男方会在当天向女方回赠礼物。

货员免费给路过的顾客提供试尝品。顾客拿来试吃后，把牙签和碟子还给售货员便扬长而去的话，未免有些过意不去，于是会觉得：“是不是应该买一点为好？”另外，有些业务员经常来公司走访，不推销商品，而是带来些有用的信息或小礼品……渐渐地，我们就会想要购买对方的产品。

因为这个回报性原则的效力太强，对公务员使用时极其危险，所以法律规定：向公务员提供与职务有关的经济利益是行贿罪，属于犯罪行为。

我们可以利用回报性原则来说服对方。为此，在拜托对方做什么之前，需要先送点东西给他。是否对方喜欢的东西都无所谓，手帕也好，糖果也好，有用的信息也好，什么都行。对方一收到你的东西，就站在了必须有所回报的立场上。这时，你就可以提出请求。

那么，如果没东西可送的情况下（似乎不太可能）该怎么办呢？在这种情况下，可以把把“让步”当作送给对方的礼物。

心理学家罗伯特·西奥迪尼做过这样一个实验。他假称自己是“州域辅导项目”的负责人，叫住过路学生，拜托他们陪同一帮不良少年去动物园。大多数过路学生当然不愿意，有83%的学生拒绝了。然后，他换了另一种方法——先叫住过路学生，拜托他们“在两年时间内每周花两小时辅导不良少年”，结果所有学生都拒绝了。接着，他又拜托该学生陪同这帮不良少年去动物园。结果，竟然有50%的学生同意了，成功率比原先提高了3倍之多。

其实这是一种技巧——想请人帮忙的时候，先提出一个更难办的请求，使其拒绝，然后自己再作出让步，提出真正的请求。即所谓“以退为进法”。

让步本身变成了送给对方的礼物，这样对方就会觉得“接下来该轮到我让步了”，从而答应你的请求。

这种技巧应该可以在各种场合发挥效力。例如，如果希望部下加班两小时，就对他说：“今天有个工作要拜托你熬夜完成。”等对方拒绝时，再作出让步：“那可以拜托你加班两小时吗？”这样一来，对方就更容易接受。另外,还可用于讲价等场合——一开始狠狠地杀价，然后作出让步，提出目标价位，这样对方也会作出让步，更容易接受降价的要求。

我们律师也是这样，一开始向对方提要求时，会索取比预设金额更大的数额。然后通过谈判互相作出让步，最终商定一个合适的金额。不过，如果一开始要求高得太过离谱的话，则有可能导致对方不相信你，反而弄巧成拙。

运用这个“以退为进法”时，只设“二步走”也可以，但考虑到在第二步时仍可能遭到拒绝，所以设置三步、四步才比较保险。这样才能保证对方在某一步时同意你的要求。举个例子：

第一步：“每月3万日元的人寿保险，您要不要考虑购买呢？”（如果对方同意购买，那当然是最好。）

客户：“太贵了。”

第二步：“那么，额度稍低一点——每月1万日元的人寿保险，您觉得可以吗？”（这是真正想推销的商品）

客户：“对不起，这次还是算了吧。”

第三步：“那能不能帮忙介绍一两位熟人朋友给我呢？”

客户：“嗯……那我问一下……”

像这样运用三步走的提问法，一定能有所收获。

用“小小YES”束缚对方——提问束缚法

放在地面上的球，如果不给它施加任何力，它将保持静止。但如果给它施加某个方向的力，它就会开始滚动。只要没有摩擦阻力，它将一直滚动下去。这叫“惯性原理”。其实，人的内心也遵循着惯性原理——人一旦采取某种行动之后，就很难做出与之相矛盾的行为，而倾向于将这种行动一直贯彻到底。这在心理学上称为“一贯性原则”。就好像受到束缚似的，会采取始终如一的态度。

美国社会心理学家弗里德曼与弗雷瑟做过这样的实验：

以某街区的家庭为对象，故意提出令他们为难的请求：“我们想调查您家的家庭用品，可否随意参观一下您家里？”对于这样的请求，一般人都会拒绝吧。实验人员采取了3种不同的请求方法：

A……突然上门，提出请求。

B……提前打电话，说明调查内容后提出请求。

C……先请对方做关于家庭用品的调查问卷，然后再提出请求。

实验结果显示，同意请求的比例，A组为22%，B组为28%，而C组竟然达到了53%。受访对象一开始同意做调查问卷，就等于表明了自己的态度：“我会配合做家庭用品调查。”如果之后拒绝上门参观，则表示：“我拒绝配合做家庭用品调查。”——这样就等于产生了自我矛盾，会伤害自尊心。

另外，实验人员还进行了这样的实验。以某街区的家庭为对象，向其提出请求：“可否在你家房屋前设置一块写有‘安全驾驶’的大招牌？”实验人员采取了如下两种不同的请求方法：

A……突然上门，提出请求。

B……首先请求对方把写着“安全驾驶”的八厘米见方的小标签纸贴在窗户上，得到同意后，再提出设置大招牌的请求。

实验结果显示，A组只有17%的人同意请求；而B组竟然有76%的人同意请求。受访对象一开始同意在自家窗户上贴小标语，就等于表明了自己的态度：“我支持安全驾驶。”所以，接下来对于在家门口设置大招牌的请求，也顺从地同意了。而且，不仅是设置招牌，就连自己开车时也会注意小心驾驶吧。

由此可见，突然提出请求有可能会被拒绝；但如果先提出一个小请求，等对方同意，惯性原理开始起作用之后，再提出下一个大的请求，就容易得到对方的同意。——这就是“一贯性原则”。

汽车销售业务员或麦当劳店员也会经常运用这个“一贯性原则”。以汽车销售为例，顾客一旦决定购车，业务员就会不失时机地推销各种自选配件——导航系统、车轮、座椅皮面等等。顾客一旦决定购车，就被这个立场所束缚，然后就会爽快地同意购买各种自选配件。而在顾客决定购买之前则大不一样——他会综合考虑汽车和自选配件的各个方面，再决定“是否购买”。

在麦当劳，顾客点餐之前，店员是不会向他推荐薯条的。店员会等顾客点了汉堡包之后，再推荐说：“要不要搭配一份薯条？”这样，顾客就会顺从地同意购买薯条。

像这样，先用小问题把对方束缚在某个立场，然后再通过追加问题使对方同意——这种提问法就叫“二步提问法”。

例如，你想让部下加班完成两件工作。但如果同时提出两个要求，又怕因为负担太重而遭到拒绝。这时就要运用“二步提问法”。首先说：“能不能麻烦你今天加会儿班完成这件工作？”因为负担不大，对方就答应下来。等对方同意之后，你再进行第二步请求：“谢谢。噢，对了，还有〇〇那件事也顺便拜托你啦。”

对方一旦表明“愿意加班完成工作”，就处于难以拒绝的立场。

又如，要向客户推销价格昂贵的教材时，首先要另准备些价格便宜的、容易决定购买的教材。等对方购买了低价教材——即表明了“购买这家出版社的教材”的立场，你就比较容易找到进一步推销高价教材的机会。你可以在适当的时机提出：“我们还有一套教学效果更好的教材，我给您介绍一下吧？”争取拿到订单。

“大家都这样做”的强大力量

当我们觉得难以判断时，就倾向于看别人如何思考、如何行动，以此作为重要的判断依据，然后自己也照着做。在十字路口等红灯时，如果其他人开始往前走，你也会不知不觉地跟着往前走，连信号灯也不看。去到电器商店，看见店面广告上写着“人气第一”的字样，就会觉得这一定是好商品。只要自己没什么特定目标，往往就会相信“人气”，跟着购买。时尚流行方面也一样，只要看见大家都穿着某种款式的衣服，就会觉得：“既然这么多人都穿，肯定是时髦货。”寻找餐馆吃饭时，往往会觉得：顾客盈门的餐馆做的饭菜肯定比顾客人少的餐馆更可口……像这样，自己觉得难以判断时，就会把别人的判断或行动当作重要的判断依据——这种心理叫作“社会认同原理”。

新加坡过去曾经发生过地方银行的挤兑风潮，而当时并没有播放过什么造成恐慌的新闻。一调查才知道，那天，公交车公司在没有事先预告的情况下实行了罢工，所以银行前的巴士站聚集了一大堆等车的乘客。过路行人看见时，心想：“哎呀！这么多人来银行取钱，看来这家银行一定是要倒闭了。我也得趁早把钱取出来才行！”于是就跟着排队。其他人看见也跟着排队，结果造成了大规模的银行挤兑风潮，害得那家银行差点儿倒闭。

这个例子说明，我们在作判断时，往往会以其他人的行动作为参考。

这个“社会认同原理”经常被运用于销售业务中。

比如说，“还有没有其他人想要的？”或“您还没用过这款产品吗？”这样的提问方式，暗示别人已经购买、使用过这款产品，以此刺激顾客的购买欲。

这个原理也适用于商务领域。例如，问客户：“已经有300家公司导入了这一系统。您知道吗？”“这份提案已经得到了绝大部分成员的同意，您知道吗？”通过这样提问，促使对方作出决断。

而且，这个原理还有个倾向——更重视与自己类似之人的判断。考虑到这一点，采用更有针对性的提问方式：“很多像您一样的单身男性顾客都选择了这款商品。您想知道为什么吗？”这样就更容易吸引对方、说服对方。

说服对方的七个提问技巧

1 按情感→理性的顺序。

2 问对方："假如○○的话，怎么样？"由此抓住对方的话柄。

3 问对方："听说，如果不在本周内决定下来，事情就比较难办。您确定不要紧吗？"用这种不由自己决定、自己也无计可施的语气进行威胁。

4 对方说"没时间"，可以理解为："不重要的事情不值得我花时间"➤"希望你告诉我重要的事情"。所以，你可以把对方的拒绝转化为积极的提问："您值得花点时间了解一下这个产品，我可以向您说明为什么吗？"

5 即使还没确定签约，也可以签约为前提进行提问（诱导式询问）："我们在哪里拟订合约草案呢？"

6 即使还没确定签合约，也以签订合约为前提提问（诱导询问）："我们找地方拟订合约草案吧。"

7 "今天我还约了其他客户谈。您确定现在不购买吗？"用这样的提问方式使对方意识到即将失去的恐惧感。

第4章

培养人才的“提问”

什么样的上司无法培养部下

一般来说，上司对自己的教育方针和管理能力是有自信的。然而，他们往往没发现自己的想法会有偏差。《日经商业协会》杂志编辑部以150名公司管理者为对象实施了问卷调查，问他们："你认为自己在管理部下方面做得好吗？"结果，回答"很好"或"好"的人竟然占了71%。当进一步问到"你是否有信心获得部下的信赖？"时，回答"很有信心"或"有信心"的人占了64%。然而，再看看以100名部下为对象实施的问卷调查结果——回答对上司"很不满意"或"不满意"的人却达到了62%；回答"很满意"或"满意"的人仅有38%。

上司觉得自己"有信心获得部下的信赖"，部下却感到"对上司不满意"。——这大概是因为，在公司里，部下很少直接对上司提出批评，所以才导致上司误以为自己深受信赖吧。可在现实中，正如调查问卷的数据所示，上司在与部下的相处中呈现出了许多负面形象。

由调查问卷结果可知，上司和部下的感觉有很大偏差。

上司必须培养和引导部下。为此，获得部下的信赖很重要。但在现实中，他们却逐渐失去部下的信赖而不自知。那么，部下在什么情况下会失去对上司的信赖呢？

接下来，我将列举出10种“失去部下信赖”的上司的典型。请各位上司扪心自问，看看自己是否属于下面的某一种。这些做法都会破坏上司与部下之间的关系，对培养部下起到阻碍作用。所以，如果自己平时这么做的话，就请努力改正吧。

1 在部下说话时中途打断或加以否定。

正如我在“不可取的提问方式”中提到的那样——在对方说话时中途打断或加以否定，其实是想证明自己的想法比对方的更优秀。动不动就说：“你的想法是错误的，我来告诉你正确答案吧。”一味否定对方的回答，沉浸在自我优越感之中。这样的话，部下会觉得“自己不被重视”，从而对上司失去信赖。

2 自吹自擂。

上司自吹自擂时，部下虽然假装在认真听，但实际上几乎全当成了耳边风，甚至还会被瞧不起。所以，不要吹嘘“自己有多厉害”，而只需向部下传达可供其学习的事项。

3 将部下的功劳占为己有。

将部下功劳占为己有的上司，没人愿意跟着他干。人们希望自己的工作成果被人认可。而践踏他人成果、将功劳占为己有的行为，会使自己的人格评价一落千丈。

4 偏袒。

所谓偏袒，就是只提拔对自己阿谀奉承之辈，而疏远向自己直抒己见的宝贵之人。这是对自己不利的行为，但自己却往往意识不到这种偏袒行为，所以需要多加注意。

5 做错了却不道歉。

上司不必给部下道歉，有这样的道理吗？——当然没有。如果自己做错了，就必须立刻道歉。

6 不表示感谢。

同样地，从部下那里得到些什么时，要表示感谢。对于不懂得表示感谢的上司，部下是不愿意为他效劳的。

7 将自己的意见强加于人。

如果上司不肯听取意见，部下会觉得自己不受重视，就不愿意提出有益的意见。作为上司，不能把自己的意见强加于人，而要认真倾听对方的意见。

8 逃避责任，甩锅给别人。

出了什么差错时，有的人总不肯承认是自己的责任，而甩锅给别人，说什么“都怪那个家伙”。这样的人不会有前途，而且因为不肯承认错误，也不打算改正，所以会不断重复同样的错误。对于公司来说，这样的人可谓是毒瘤。

9 说伤害别人的话。

有的人经常随便批评、挖苦别人。难得部下来提建议，他却满不在乎地挖苦说：“你是想来讨好我吗？”这样的人，渴望通过批评、挖苦别人而获得一种心理优势，他们终将失去部下的信赖。

10 背地里说人坏话。

背地里说人坏话，肯定会被大家讨厌。如果上司这么做的话，那性质就更恶劣了。部下听上司在说别人坏话时，会意识到上司也会这样说自己的坏话，于是就远离这样的上司。背地里说人坏话同样也是为了获得一种优越感，他们终将失去部下的信赖。

如果你也有上述的行为，请立刻改掉吧。如果得不到部下的信赖，即便你想培养部下也不会有人愿意跟随你，也无法取得效果。

曾任日本帝国海军第26及27任联合舰队司令官的山本五十六，深得部下信赖。他说过这样的名言，值得我们铭记在心：

应该做示范，告诉对方，让其尝试，给予赞扬，否则人就不愿意行动。

应该互相交流，倾听之，认可之，并委以重任，否则人就无法成长。

应该心怀感激地守护之，信赖之，否则人就无法成功。

请记住，如果你想改变别人，首先必须改变自己。

好的上司，不是“授人以鱼”，而是“授人以渔”

百兽之王——狮子生下小狮子后，一开始会喂母乳，然后渐渐地开始喂它吃肉。为此，母狮子会在热带草原上捕获猎物，把肉撕碎给孩子吃。但是，当小狮子成长到一定程度后，母狮子就会让它自己捕猎。不直接给它肉吃，而是让它自己获取食物。如果不这样做的话，一旦母狮子受伤或死去，小狮子会因为无法自己捕食而饿死。

只要给小狮子喂食，它就能填饱肚子，能得到暂时的满足；但如果一直这样做，从长远的眼光来看，它就无法得到成长，可以说是十分不幸的。

我们人类也一样。

要如何“养育孩子”呢？其实，只要给予衣食住的条件，人就能活下去。把所有东西都给他，他会感到满足，也能生存下去。但如果父母遭遇到事故的话，又会怎么样呢？孩子不具备生存所需的知识和智慧，显然是很不幸的。有句话是这么说的：“如果想让孩子变成什么都不懂的废物，就把一切东西都给他吧。”孩子要什么有什么，就会逐渐变成一个废物。所以，养育孩子时，切不可给予得太多，而要培养他自己思考、自己行动、自己获取的能力。

在公司里也一样。公司是以总经理为顶点的金字塔式构造，员工们按照总经理的方针行动。如果所有工作都靠上司命令部下、部下照做的方式，也许暂时也能取得成果。部下不需自己动脑筋思考，只需按吩咐做就行，所以精神上也比较轻松愉快。可是，当这样的部下有了自己的部下时，又会怎么样呢？一向只会按照上司指示做事的人，有能力凭自己的判断开展业务并向部下下达正确的指示吗？——那是不可能的。

因此，无论是为人父母还是上司，对孩子或部下仅仅“授之以鱼”是不行的，必须“授之以渔”。要想学到获取食物的方法，关键是要自己思考、自己想办法，并据此采取行动。所以，必须要引导其本人进行思考。

要引导对方思考，就需要提问——提问具有“强制思考”和“强制回答”的功能。对孩子或部下提出合适的问题。他们为了回答问题，会拼命思考，从而掌握自己获取食物的方法。——这才是指导者的责任所在。

只需进行提问，就能让孩子突然发奋学习

不知为什么，熟人朋友经常把孩子带到我这里来，拜托我说：“他一天到晚不学习，请你开导他一下吧。”“他将来想当律师，请你给他讲讲工作内容什么的。”……

我应家长们的请求跟孩子面谈。面谈后，有的家长告诉我：“他突然开始发奋学习了。你跟他讲什么啦？”我听了自然是很高兴。其实也没有什么秘诀，我只是对孩子提了一些问题而已。

我有个朋友的孩子正读初中，他的梦想是将来当公司老总。他读过一本书，讲有个人只上过小学但后来却当上了大公司的老总。所以他觉得“上学读书和当公司老总没关系”，平时根本不学习。

我和这位少年进行了一番谈话，内容大致如下：

我：“听说你将来想当公司老总？”

少年：“嗯。”

我：“你想当什么公司的老总？”

少年：“什么都行，比如说电车公司之类的。”

我：“不错呀，到时候你可要请我坐特等座啊。对了，不学习也

能当上电车公司的老总吗？"

少年："书上写着呢——当公司老总跟上学读书没关系。"

我："也许吧。对了，你是想走出校门后顺顺利利地当上公司老总，还是想经历千辛万苦之后才当上公司老总呢？"

少年："当然想顺顺利利的啦。"

我："据我所知，那些中途退学或者在学校没好好读书而后来却当上公司老总的，都付出了无数努力，历尽了千辛万苦。——你看过的那本书上也写了这些内容吗？"

少年："你这么一说，好像确实是写了……"

我："就是嘛。比如说，你想当电车公司的老总，就得会算账才行，所以不能不学好数学；还要学电力系统和物理知识；还要了解电车的历史；还有燃料方面的知识……总之，要当公司老总的话，要么是在学校里努力学习，要么是走出校门后努力学习。"

少年："有道理。"

我："我自己呢，当初想要考律师的时候，每天从早到晚都在学习，连洗澡和吃饭时间也不放过。说不定，你的朋友当中也有同样想当公司老总的人，而且正像我当初一样在拼命学习呢。除了你的朋友，还有其他学校的孩子也是你的竞争对手。你现在不学习的话，能比得过他们吗？公司老总可不是谁都能当的呢。"

少年："可能比不过他们。"

我："你自己的人生，随你怎么过。就算现在不学习，只要毕业后拼命努力，也有可能当上公司老总。我告诉你一个能当上公司老总的秘诀吧。”

少年：“嗯。”

我：“那就是，经常问自己：‘我现在应该怎么做，将来才能当上公司老总？’”

少年：“…………”（陷入思考中）

我和这个少年交谈的，就是这么简单的对话。我也并没有说得多么慷慨激昂，而只是基于自己的亲身经历进行提问。过后，他的父母联系我说：“我家小孩突然开始用功学习了。你跟他讲什么啦？”

我只是进行提问而已。不过，有几点需要注意：

1、肯定对方的意见

2、站在对方的立场上，思考要怎么做才能得到对方想要的结果。

3、让对方作出回答。

就是这3点。

对方虽然是孩子，但也有自尊心，有自己的意见，需要获得人们的肯定。他关心的是能否实现自己的梦想，而并不关心别人的人生。所以，我们有必要站在他的立场上，设身处地地思考。而且，如果我把意见强加给他，他一定会觉得很痛苦。但他却乐于接受自己得出的结论。因此，我们要让他自己作出回答。

这样，人才会成长。

运用神奇的提问法，让对方顺从地改变行为

培养部下是一项很艰难的工作。当你觉得部下的行为不正确时，就算对他说“如何如何做更好”，他也不一定肯顺从地听你的话。部下也是有自尊心的。他会觉得：“哼，你是说我做错了？我这么做才是正确的！”把自己的行为正当化，不肯做出改变。因为，被人要求改变行为时，难免会觉得过往的自己被否定了，自尊心受到伤害，当然不肯接受。

我们作为辩护律师，有时会去警察局或拘留所与犯了罪的被告人面谈。在面谈中，经常听到他们把自己的行为正当化，例如：“那家伙当时说了那样的话，所以我才忍不住动手的。都是他的错。”“钱包这么露出来，不就等于引诱我去拿吗？”……既然已经犯了罪，任谁都会觉得他们的行为有错。但即便如此，还是有很多罪犯会说：“我没错！”把自己的行为正当化。这是人性使然。

既然如此，我们周围的人当然也会把自己的行为正当化。我无意指责说自我正当化不好。我们应该认识到人性本来就是如此，并积极应对。

要想不受“自我正当化”的妨碍而改变对方的行为，是有诀窍

的——那就是不伤害对方的自尊心。比如说，在公司里，你的一名部下的办公桌上又脏又乱。你如果提醒他，他会反驳说：“我自己知道什么东西放在什么地方。而且，把文件放在桌面上，才能随时继续做之前没处理完的工作，这样效率比较高。”

要改变这名部下的行为，应该采取如下方法：

首先，不能直接命令他说：“桌面上不能弄得这么乱，快点收拾好！”这样会招来对方的抵触。因为，被人指出错误时，自尊心会受到伤害。这时，你首先要肯定他：“把没处理完的文件放在桌面，这样一坐下来就能马上开始工作，很合理呢。不错，劲头很足嘛。辛苦了！”这样会使部下的自尊心得到满足。而且，也为他自我正当化留下余地。

然后，通过提问来改变对方的行为：

“前几天你不在的时候，我本来想在你桌面上找份文件，但却怎么也找不到，快把我急死了。虽然我赞同你的想法，但能不能把桌面整理好，让每个人都能立刻找到需要的文件呢？”

关于整理桌面的理由，你并没有反对“我知道东西放在哪里，而且方便随时继续工作”这一点，而是从另一角度出发，请他作出改变。——这种方式，等于承认对方之前的做法没有错。另外，这里要求的是持续的改变，所以不能说“能不能暂时整理一下”或“这次有人要来检查，快整理好”。否则对方会以为暂时整理过后又恢复原状的行为是正当的。

另外，对方按要求整理好桌面后，你必须对其改变表示赞许：

“桌面整理得干净多了，我很快就能找到需要的文件。而且，资料都放在方便拿取的地方，如你所说能够随时开始工作，真可谓是一举两得呀。今后还要再接再厉哦。”

这样，对方就会把改变行为一事正当化，不会伤害自尊心。另外，对方受到你的称赞后，会因为受人期待而继续保持下去。

这里有3个要点：

1、把对方过去的行为正当化。

2、另找一个理由，通过提问促使对方作出改变。

3、对方改变之后，要表示赞许并期待他今后继续保持。

只要按照这个流程，就一定能让对方顺从地改变行为。

有时候，上司难免会利用上下级关系命令部下，但光靠命令是无法说服对方的。不能因为对方是部下就无视其自尊心。他是和你同样的人，同样都认为自己是最重要的。

上司的职责之一，就是培养部下，而不是在自我的支配下逞威风。

这一点必须牢记在心。

上司的两个职责是什么

在上司和部下的关系中，上司被赋予了两个职责：

1、让部下正确且迅速地开展工作。

2、培养部下。

公司是以盈利为目的，所以会努力增加销售额、降低成本。这就要求所有员工正确且迅速地开展工作。而上司作为多名部下的领导者，则需要有能力让自己部下正确且迅速地开展工作。

那么，怎样才能让部下正确且迅速地开展工作呢？

——让部下正确地认识到自己应该做什么业务。为此，上司要准确地给出指示，有时候还需要作详细说明。在大多数情况下，部下应该能够正确地认识自己的业务。但上司如何判断这一点呢？上司是否把握住部下在工作中的思考方式呢？如果不了解这一点的话，一旦有什么突发的事态就无法应对。我自己身为上司，也时常感到这种不安。

要解决这个问题，可以采取提问的方法。上司对部下，不是发号施令，而是进行提问。通过提问促使部下自己思考、自己回答。根据部下的回答，就能了解他是否理解如何开展工作。

“发生○○时，你会怎么办？”

“○○和○○这两种方案，你选哪一个？”

上司设想某些事态，提出问题，让部下思考和回答。但很多上司并没有这样做，而是一味地发号施令。因为他们觉得提问会浪费时间，用指示和命令迅速地完成工作才更合理。然而，真的是这样吗？如果是简单的业务，不需要进行思考，直接下达指示和命令即可。但如果是牵涉到客户的相关业务、或是需要在现场临时应对的业务，部下没有充分理解就开展工作的话，就可能会犯下意想不到的错误。又或者，部下遇到什么情况都要一一向上司请示，来回来去地进行联络和商量——这样岂不是更浪费时间吗？

当然，指示命令也是需要的，并非所有业务都要通过提问方式进行指示。关键是要区别使用。首先，如果是单纯的业务、不需要应用的业务、部下已经具备相关经验而不必特意经过上司确认的业务，就可以用指示命令给出最低限度的指示。除此以外，至于那些需要正确理解的业务，哪怕多花点时间也要采取提问方式，以便确认部下是否已经正确理解。从结果来说，这样能确保部下正确且迅速地完成工作。

而且，上司还负有培养部下的职责。因为公司将持续发展下去，年轻的员工们将成长起来变成上司，然后又指导下一批年轻人。所谓上司，其实只是经验丰富一些而已。我认为，个人经验是微不足道的。我做律师这一行已经超过15年，但还有很多自己不了解的事情。有时候也会对部下的方案感到惊喜：“原来还有这样的好办法！”今后再积累20年、30年的律师经验，恐怕还是如此。

所以，好好地培养部下，充分发挥部下的智慧，让他想出比上司更优秀的方案。这一点也很重要。

要想培养部下，需要花时间进行充分讨论。

首先，说明业务的大致方向和目标。然后这样提问：

“你觉得应该怎么做呢？”

让部下回答。有时，部下的回答不太完善。这时就要指出其不足之处：

“用这种方案，如果出现○○情况，你打算如何解决呢？”

部下思考解决方法。如果想不到，就会考虑用其他方案。如此不断反复进行。但很多上司并没有这么做，因为问答讨论很花时间，对上司来说是一种痛苦。可是，既然身为上司，就请认清自己的职责——上司有责任培养部下。

当部下绞尽脑汁也回答不出来时，可以给他们点提示：

“不如从这个角度考虑一下？”

然后，部下又开始思考。上司要让他自己找到答案。这样的过程能促进成长——通过自己思考、自己回答，人就能得到成长。

在这个过程中，上司绝不可强加于人，而要保持一种帮助部下成长的心态。就像进行培训一样。

在我的律师事务所里，手下有多名律师和员工。他们作为新人刚进来时，有很多东西需要教。但只要采取提问方式进行指示，就能逐渐减少指示内容，因为他们正在逐步成长。这样一来，也越来越能得到委托人的信任。从结果来看，我的工作量是减少了。只要部下成长了，上司的负担就会减轻。从结果来看对我自己也有好处。上司要意识到这一点，多向部下提问吧。

转换为积极式提问

有的上司，本来想要培养部下，但却经常问出“为什么你连这都做不完？”之类的问题——也就是我在“不可取的提问方式”中讲过的“消极式提问”。这样的上司，虽然也有意培养部下，但却只是站在自己的立场思考。他的心理是：“我苦口婆心地说了这么多，你为什么不听？为什么做不完？”他没有站在对方立场，而是完全从自己的立场出发。

这样的话，对方既不会被打动，也无法得到成长。上司提问时，应该站在对方的立场，采取和对方一起想办法的姿态。

——这就是“积极式提问”。这种提问，可以引导对方把所有问题都朝积极的方向思考。

刚才那句“为什么你连这都做不完？”，要怎样转换为积极式提问呢？

首先要提取出隐含在问题中的价值观，然后转换为能满足这种价值观的积极式提问。

“为什么你连这都做不完？”这个问题中隐含着的价值观，就是“你应该能完成的”。既然如此，只需采取促使对方进行建设性思考的积极式提问即可。

积极式提问

“怎样能完成这项工作？”

“为了完成这项工作，有没有我能帮得上忙的？”

“什么时候能完成这项工作？”

“你觉得和谁一起搭档才能完成这项工作？”

“你觉得在什么地方努力才能完成这项工作？”

这些问题里都含有“完成”这个词。只要这样提问，就能促使对方朝“完成”的方向开始思考，形成积极的思考。

或许你已经注意到了，这些正是5W1H提问法——当然“Why”会去掉，因为“Why”是追究对方的问题，所以并不合适。

此外，还有的人动不动就对自己进行消极式提问。例如，很多人经常问自己：“为什么受伤的总是我？”如果一直停留在这样的思考方式，就永远无法成长。这种人的性格通常是喜欢依赖别人。他们相信，无论好事或坏事全都是拜他人所赐，而自己却从来不主动采取行动。所以，需要改变其思考方式，或者通过提问激发其行为动机。

积极式提问

“其实，说不定这次并非坏事，而是好事呢？”

“怎么做才能克服这个难关呢？”

“为了不再吃苦头，你要做出什么改变呢？”

我们来做一下积极式提问的练习吧。

消极式提问

“要我提醒多少次你才满意？”

价值观：我提醒一次你就应该改正。

↓

积极式提问

“上次提醒后，你作出了什么改变？”

“这次出差错的原因是什么？”

“你觉得要怎么做才能防止今后再出差错？”

“怎样确认你已经改变做法了？”

“你打算什么时候改善？”

消极式提问

“为什么就你推销不出去？”

价值观：你也能推销出去的。

↓

积极式提问

“你觉得其他人能推销出去的原因是什么？”

“你觉得作出什么改变就能推销出去？”

“你觉得顾客愿意买什么样的推销员的产品？”

“你觉得顾客什么时候想购买产品？”

消极式提问

“你为什么没有一点干劲？”

价值观：你应该拿出干劲来。

↓

积极式提问

“你看起来心情不佳，有什么事吗？”

“你觉得做什么工作比较有意义呢？”

“你觉得要怎么做才能感受到这份工作的意义？”

“你什么时候感觉得到这份工作的意义？”

“你为谁工作时能感觉到这份工作的意义？”

消极式提问

“已经约定好交货期，你为什么没能按时交货？”

价值观：你是可以按时交货的。

↓

积极式提问

“为了按时交货，你觉得要怎么做呢？”

“这件工作本来是能按时交货的吗？”

“为了按时交货，你做了哪些努力？”

“你觉得当时怎么做就能按时交货？”

消极式提问

“为什么你只往坏处想？”

价值观：你应该往积极的方面想。

↓

积极式提问

“试着往积极方面想，会怎么样？”

“如果换做是你尊敬的〇〇先生，你觉得他会怎么想？”

“你觉得做出什么改变就会带来不同的结果？”

像这样，所有“消极式提问”都应该而且能够转换为“积极式提问”。提问具有强制思考的力量。提出消极式的问题，对方就会消极地思考；相反，提出积极式的问题，对方就会积极地思考。上司要培养部下，就必须引导对方进行积极的思考，所以请务必掌握积极式提问的方法。

这位护士的提问触动了孩子母亲的心灵

我们总是被眼前发生的各种事情所吸引，并为其奔忙。因此，我们经常迷失了重要的目标。一旦迷失了重要的目标，就无法完成本来应该做的事，从而偏离了前进的道路。这时，肩负着培养部下之职责的上司，必须留意对方是否偏离了道路，是否迷失了原来的目标。如果对方迷失了目标，就要用一针见血的提问让他回想起原来的目标，从而找回自我。

《让人感动流泪的故事（第九集）》（河出书房新社出版）这本书中记录了这样一个真实的故事：

一位首次成功分娩的母亲正沉浸在幸福和欣喜之中时，却被主治医生告知："你的孩子心脏有缺陷。"夜晚一人独处时，这位母亲内心充满了不安的思绪："这孩子能养得大吗？能活下来吗？"于是，她悄悄地走到了新生儿室。一看见刚出生的婴儿，她就泪流不止。

这时，一位护士刚好经过，把这位哭成泪人的母亲带到隔壁房间，听她倾诉了内心的忧虑。然后，这位护士柔声问道：

“你不要这个心脏有缺陷的孩子吗？”

母亲吓了一跳，连忙回答说：“要。”

护士接着说道：

“就是嘛。孩子选择了你，没事的。你要是不放心的话，随时来医院看看。”

这位母亲对未来充满不安时，护士仅凭一个提问就让她意识到了最重要的事。从那之后，她一直用心照顾女儿，至今还被那位善良护士的话所激励着。而且，她决定以后要把这个故事讲给女儿听。

像这样，一个简单的提问有时可以触动人的内心。“我的孩子心脏有缺陷？”——在这个事实面前，母亲完全忘掉了喜得千金的幸福感。而护士用一针见血的提问使她意识到了这一点。这正是源于提问的力量。也就是说，无论当时心态如何，人一旦被提问，就会强制思考并试图回答。护士向陷入恐慌状态的母亲提问：“你不要这个心脏有缺陷的孩子吗？”使她意识到宝贝女儿的存在。当有人陷入恐慌而忘掉重要的事情时，我们应该像那位善良的护士一样，用一针见血的提问让他找回自我。

下面这个问题，对于奔忙于日常生活的我们来说无异于当头一棒。我们都来好好地思考一下：

假如你快到临死之时，只能再打一个电话，你想打给谁呢？
你想对他说什么呢？

那么，不如现在就马上打给他？

——作家 斯蒂芬·莱文

为了培养部下，上司应该经常自问自答

- 有没有打断部下说话？
- 有没有全盘否定部下的意见？
- 有没有自吹自擂？
- 有没有将部下的功劳占为己有？
- 有没有心存偏袒？
- 自己做错事时，有没有道歉？
- 有没有向对方表示感谢？
- 有没有将自己的意见强加于人？
- 自己做错事时，有没有甩锅给部下？
- 自己说的话会不会伤害对方？
- 有没有在背地里说人坏话？
- 有没有把消极式提问转换为积极式提问？
- 有没有听取别人的意见，问对方“你怎么想”，而不是将自己的意见强加于人？

第5章

赢得辩论的“提问”

要想说服对方，有必要进行辩论吗

在前面的章节中，已经说过运用“提问力”说服对方之法。要想说服对方，应该尽可能避免辩论，顾及对方的自尊心，通过提问来引导对方的情感。从这个意义上说，似乎可以得出这样的结论：要想说服对方，不需要辩论的能力——或者应该说，辩论是有害而无益的。

然而，回顾一下人们从“心动”到“行动”的过程就会发现：情感先被打动，产生意愿之后，还必须通过理性使结论正当化。在这个正当化的过程中，“逻辑”的正当性将是不可或缺的。我们为了说服对方，首先要动之以情，然后还需要帮助他用理性使结论正当化。这时，我们就需要站在对方立场运用逻辑思考能力，将对方内心涌起的反对意见驳倒。

例如，对方明明已经动心，有意购买，但嘴上却说：“20万日元太贵了，买不起。”这是，你就需要用逻辑帮助他把购买行为正当化：“可以分36次分期付款。那样的话，一个月只要付大约6000日元，每月少喝一顿酒就可以了呀？这样既能保护肝脏，又能提高英语会话能力，岂不是一举两得？”

另外，在商务场合，追求的是盈利。如果能提出增加销售额、降低成本的方案，客户就会心动。然后，再判断该提案是否合理。——这时候，就需要排除情感因素、用理性进行判断：团队组织是否合理，经营战略是否合理，财务方针是否合理……这时，运用基于理性的辩论能力，就能得出更充分的结论。

在这样的场合下，如果缺乏辩论技巧，无法说服对方，那么无论你的方案有多么优秀都变得毫无意义。如果不能用理论武装自己的方案，直击对手逻辑上的缺陷，恐怕就无法在商业竞争中笑到最后。

从这个意义上来说，我们有必要掌握一定程度的辩论能力。我们辩护律师必须通过驳倒对方来打赢官司，所以需要掌握高超的辩论技巧。但大家没这个必要，只需要掌握一定程度的辩论能力即可。另外，在辩论中，“提问力”也是十分强有力的，甚至可以毫不夸张地说：“掌控提问之人将赢得辩论。”

苏格拉底和律师为何如此雄辩

古希腊哲学家苏格拉底在当时被称为举世无双的雄辩家。苏格拉底主张“无知之知”：“我很无知。我只知道一件事，就是‘我什么都不知道’。”他还向那些貌似无所不知的辩论家发起挑战，把他们一一驳倒，揭穿他们其实一无所知的真相。

苏格拉底因为驳倒了很多辩论家，遭人忌恨，结果被人起诉并被判处死刑。当时审判的情形，在柏拉图的《苏格拉底的申辩·克里托篇》中有记载。

苏格拉底的辩论方式独具特色。你只要看过这书就能明白，苏格拉底的辩论是建立在提问方式上的。他绝不会滔滔不绝地顾自说自己的主张，而是向对方提问，等对方回答后再问下一个问题。而且他会巧妙地设计问题，使对方的回答出现前后矛盾。

对方虽然知道自己正被诱导着说出自相矛盾的回答，但却无法逃脱，结果只得承认自相矛盾，在辩论中落败。

关于苏格拉底的辩论技巧，可以读其弟子柏拉图的著作。在这里，我想引用《苏格拉底的申辩》作为例子。

以下是苏格拉底和迈雷托士的问答过程。——迈雷托士控告苏格拉底“教唆雅典的年轻人不相信国家认可的诸神而相信其他神灵，腐蚀其思想”。

苏格拉底：“你指控我的罪名，是认为我不相信所有的神并这样教唆别人，还是认为我虽然相信神的存在，但信的却不是国家认可的诸神而是其他神灵，并这样教唆别人？”

迈雷托士：“我认为你不相信所有的神。”

苏格拉底：“这世界上，有人相信‘人的活动’而不相信‘人的存在’吗？有人不相信‘马的存在’而相信‘马的活动’吗？请你回答我：这世界上，有人相信‘神灵的活动’而不相信‘神灵的存在’吗？”

迈雷托士：“没有。”

苏格拉底：“按照你的起诉书，我无疑是相信‘神灵的活动’的。既然如此，我当然相信‘神灵的存在’了。话说回来，神灵不是诸神之子吗？”

迈雷托士：“是的。”

苏格拉底：“既然如此，我相信诸神的其中一种——神灵，不就能证明我相信神吗？你说我不相信所有的神，这岂不是自相矛盾吗？”

苏格拉底通过向对方提问，抓住对方的话柄，然后不断展开提问，使其得出自相矛盾的结论。如果苏格拉底长篇大论地陈述自己的主张，对方肯定能想出无数理由进行反驳吧。而通过提问，对方不得不回答，从而被迫说出自相矛盾的话，就此陷入了苏格拉底提问术的圈套之中。

可以说，苏格拉底的辩论法的精髓正是在于提问方式。因为提问，所以雄辩。

辩论的胜负有三种情形：①某一方认输；②某一方陷入逻辑矛盾，逻辑出现破绽；③某一方哑口无言。一般来说，辩论双方是不会主动认输的。所以，要决出胜负，通常要让对方陷入逻辑矛盾或哑口无言的境地。

提问，能够强制对方思考和回答。对方必须对提问作出回答，而且不能自相矛盾。而提问者呢？——提问者不必表明自己的立场。既然不必表明自己的立场，就不会出现逻辑矛盾而被对方攻击，也不会陷入哑口无言的境地。只需要不断地提问以找到对方的逻辑缺陷即可。换言之，提问者自己处于安全的立场，向对方展开攻击。

所以，擅长提问的苏格拉底在辩论中一直处于不败之地。

庭审也一样。

在庭审的询问证人环节中，辩护律师会向证人提问。律师并不总是问一些简单的问题，有时还会进行诘问，故意激怒证人。而在询问过程中，律师和证人辩论永远都不会输。这是因为，律师是提问者，证人要被迫回答。提问者可以随心所欲地提问，而回答者则必须回答对方提出的问题。因此，提问者牢牢掌控着辩论的胜负。

接下来，我们来看看律师出身的美国总统林肯在庭审中的提问法吧（引自《交叉询问的艺术》威尔曼著，旺文社文库出版）。

这一案件中，被告人因在野外开枪射杀被害人而被以杀人罪起诉，林肯是被告人的辩护律师。在最后的询问证人环节，林肯对自称“亲眼目睹了被告人用手枪杀人”的证人进行盘问：

林肯：“事发之前你一直和洛克伍德在一起，然后看见了被告人开枪，是吗？”

证人：“是的。”

林肯：“你当时就站在旁边吗？”

证人：“不，大概站在20英尺外吧。”

林肯：“会不会只有10英尺呢？”

证人：“应该有20英尺，或者更远。”

林肯：“那里是一片广阔的原野吗？”

证人：“不，是在树林里。”

林肯：“什么树林？”

证人：“山毛榉林。”

林肯：“八月的话，树叶长得很茂盛吧？”

证人：“嗯，挺茂盛的。”

林肯：“你认为这支手枪就是当时用的那支吗？”

证人：“好像是。”

林肯：“你看见了被告人开枪吗？——包括他怎么拿枪的细节，你全都看见了？”

证人：“是的。”

林肯：“现场离集会的场所有多远？”

证人：“3/4英里。”

林肯：“当时什么地方有电灯？”

证人：“牧师座位旁边的上方。”

林肯：“离案发现场3/4英里的地方？”

证人：“是的——我刚才回答过了。”

林肯：“你有没有看见洛克伍德或格雷森在现场手持蜡烛？”

证人：“没有！要蜡烛有什么用？”

林肯：“那你为什么能看见有人开枪呢？”

证人：“因为有月亮呀！”（带着挑衅态度）

林肯：“你说你晚上10点看见了有人开枪？——在距离电灯3/4英里的山毛榉林中？——你看见了手枪的枪身吗？——你看见了那个男人开枪吗？在距离二十英尺外看见的吗？——完全是借着月光看见的吗——在距离集会地的电灯将近1英里的地方？”

证人：“是的，我之前都说过了。”

这时，林肯从外衣口袋中取出一份日历，缓缓打开，将其作为证物提交给陪审员和法官看。然后说道：“那天晚上没有月亮，要到次日凌晨1点钟月亮才出来。”

林肯通过出色的提问法证明了证人是在作伪证。如果林肯不是采用提问方式，而是一开始就指出：“你在说谎。当晚10点月亮还没出来，你不可能看得见开枪的瞬间。”结果会如何呢？——证人很容易就能辩解说：“现场附近有蜡烛，所以我看见了开枪的瞬间。”林肯通过提问，让证人亲口说出“附近没有蜡烛或电灯，我是借着月光看见开枪瞬间的”，从而抓住话柄，证明对方在说谎。

像这样，在辩论中，提问方是有利的，而回答方则是不利的。

因此，要想让辩论朝对自己有利的方向发展，就必须让自己成为提问方，而非回答方。自己成为提问者，设定辩论的界限范围，就能掌控辩论。

用提问悄悄地改变对方的价值观

对方提出反驳时，自己如果回答不出来，话题就会终结。所以，当遭到对方反驳时，可以先说一句“你说得对”以表示赞同，然后再从别的观点进行劝说。或者向对方提问：“有道理。关于这一点，你看能不能这样考虑呢？……”不过，遭到反驳时，不可立刻否定。否则，对方会采取防御态势，不再听你说话。

对方反驳你，肯定是基于某种价值观。我们需要想办法改变其价值观。

例如，你向对方推销2万日元的挎包时，顾客反驳说：“没这么多预算。我还要买别的东西，所以最多只能拿出1万日元。”这时，顾客心里存在一种价值观：“花2万日元买挎包太浪费了”。虽然手头有2万日元，但还有别的用途。

既然如此，你只需要改变对方的价值观，让他觉得“宁愿花两万日元也应该买个质量更好的挎包”。

例如像下面这样进行。

顾客：“没这么多预算。我还要买别的东西，所以最多只能拿出1

万日元。”

店员：“也是啊，我也有一大堆东西想买的。对了，您现在用的挎包也是1万日元左右的吧？”

顾客：“差不多。”

店员：“大概用了多少年呢？”

顾客：“一年左右，这里都有点掉皮了。”

店员：“是呀，这种挎包是比较容易掉皮，使用寿命一般只有1年左右。话说回来，您预算1万日元的挎包，使用寿命大概也就是1年左右。每年换1个挎包，感觉有点浪费钱吧？”

顾客：“是的，没办法呀。”

店员：“如果想买个可以使用3年的挎包，我倒是可以向您介绍一款更划算的产品。”

顾客：“请说。”

店员：“这款挎包虽然会超过您原先的预算，但物有所值——它是采用○○制法生产而成，使用寿命大概是三年。而且，您不觉得款式设计也很漂亮吗？”

顾客：“感觉是不错。要多少钱呢？”

店员：“价格是2万日元。买一个质量好的挎包，能用上3年，其实还是更划算的。您是喜欢黑色的还是褐色的呢？”

顾客：“黑色的更好看些。”

店员：“那就要这个吧。从长远的眼光来看，还是买个划算的更好，对吧？”

顾客："是倒是，不过，现在舍不得一下拿出2万日元来呀。"

店员："可以用'奖金付款'或'分期付款'的方式。您选择哪一种呢？"

像这样，不否定对方的反对意见，而是通过提问方式逐渐动摇对方的价值观。对方的价值观一旦改变，结论也会随之改变，从而被你说服。

因此，当遭到对方的反驳时，我们要思考："他的反驳是基于什么价值观的？"找到其价值观，然后努力改变它。

“话说回来式辩论术”

律师们很擅长一种所谓的“话说回来式辩论术”。它的基本模式是这样的：

1、话说回来，……

2、对了，……

3、既然如此，……

举个例子：

“话说回来，这家公司对所有人都一视同仁吗？”

“当然。”

“对了，女人和男人都同样是人吧？”

“是的。”

“既然如此，男人不也应该和女人一样去端茶倒水吗？”

大概就是这样。

首先，在“话说回来……”部分提出某个作为大前提的价值观。然后，在“对了……”部分提出判断标准。最后，在“既然如此……”部分得出结论。

这样说比较抽象。再举一个例子：

父亲：“话说回来，你将来想做什么？”

孩子：“想当飞行员。”

父亲：“对了，要当飞行员的话，需要了解关于飞机或天空等各种知识才行吧？”

孩子：“是的。”

父亲：“既然如此，趁现在好好学习数学和理科知识，会更容易当上飞行员吧？”

这个“话说回来式辩论术”，在谈话离题时也很有用。

和别人谈话时，有时会东拉西扯，从“汽车”讲到“家庭”，又从“家庭”讲到“旅行”，最后都不知道在谈论什么话题了。这时候，要想回到最初的话题，就需要时常提醒自己：“本来是在谈论什么话题？”并且要通过提问让对方认识到这一点：“话说回来，我们刚才是在谈论什么话题？”这样，对方就会突然警醒，回到原来的话题。

“话说回来式辩论术”也适用于告诫自己。

以考律师为例——买来各种辅导书，制定计划，开始复习。但有人学得过于沉迷，甚至抛开了“考试”，而把“学习”本身当作目的。他们这样很容易走歪路，导致考试不合格而最终放弃司法考试，或是多年以后才能通过考试。而我则不一样。我学习时经常提醒自己：“话说回来，我的学习目的是什么？”——我学习是为了当律师，为了通过司法考试。所以，应该只专注于跟考试内容相关的学习。结果，我得以在比较短的时间内通过了司法考试。

古罗马哲学家西塞罗说过：“你应该为生存而食，不应该为食而生存。”有时我们过于沉迷于做某件事，往往就容易迷失原本的目的。这时，我们需要停下脚步，问问自己：“话说回来，我这样做是为了什么？”

像这样，“话说回来式辩论术”适用于各种场合。所以，从平时就要养成“话说回来式”的思考习惯。

妻子要检查你的手机时，你该怎么办～辩论中的举证责任

你听说过“举证责任”这个词吗？

这是一个法律术语。例如，在杀人案件中，检察院负有证明凶手杀人的责任，必须负责举证。

而辩护方没必要证明被告人“没有杀人”，而只需给检察院的举证挑毛病，妨碍其证明“被告人杀人”即可。

按照“疑罪从无”原则，检察院必须不容置疑地充分证明“杀人”事实才行。

在民事案件中，例如要求被告人归还欠款的情况下，原告必须举证“把钱交给了被告人”“和被告人约定了还款事项”“已经过了约定的还款期限”。

在这种情况下，原告负有“举证责任”。如果原告无法举证以上几点，就会败诉。

而被告人只需给原告的这几点举证挑毛病，妨碍其举证即可。我们不妨把这种“举证责任”的思路运用到辩论中。

例如，在非强制性的税务检查中，税务检查员具有“调查询问权”，纳税人有义务进行回答，但没有义务违背本意而强行打开桌子

抽屉或保险柜等。

所以，税务检查员会运用各种询问技巧，试图让纳税人打开保险柜或抽屉。例如以下的问答：

税：“可以打开保险柜让我们看看吗？”

纳：“不行。”

税：“为什么？里面有见不得人的东西吗？”

纳：“怎么会。里面没有任何跟偷税漏税相关的资料。”

税：“既然这样，那让我们看看也没关系嘛。”

纳：“里面什么也没有。只有这栋楼房的租赁合同之类的。”

税：“那么让我们看看也没关系嘛。证明里面什么也没有，然后再心情愉快地继续检查。”

纳：“……”

刚才我说过，在非强制性税务检查中，纳税人没有违背本意打开保险柜的义务。因此，纳税人有权拒绝打开保险柜。

然而，在上述问答中，他被“里面有见不得人的东西吗”这句话带跑了，结果不得不打开保险柜。

这是一种“转换举证责任”。不知不觉间，自己陷入了“必须证明保险柜里没有东西”的困境。

首先，纳税人需要认识到自己有权拒绝打开保险柜，然后试着把举证责任转换给税务检察员：

税："可以打开保险柜让我们看看吗？"

纳："为什么？"

税："我们想确认一下，看保险柜里有没有和税务检查相关的资料。"

纳："你认为保险柜里有这些资料吗？请出示如此判断的根据。"

税："因为，一般来说，保险柜里会放有和税务检查相关的资料。里面有什么见不得人的东西吗？"

纳："按'一般来说'可不行。你是根据我提出的哪份资料认为保险柜里有相关资料呢？"

税："无可奉告。"

纳："从法律上来说，我有义务必须要打开保险柜吗？"

税："这并非法律上的义务。"

纳："既然如此，那我不能打开保险柜。"

又如，当妻子对丈夫说："把你的手机拿来看看。"如果丈夫不肯，妻子就会问："手机里有什么见不得人的东西吗？"如果丈夫说："当然没有呀。"妻子会追问："那就给我看看嘛。"结果落得要交出手机的下场。

其实，在这种场合也可以用"转换举证责任"而巧妙地搪塞过去。心虚的读者，不妨自己研究一下该如何应对。

讲到这里，主要都是关于向别人提问的方法。但你是否知道，通过向自己提问还能如愿地改变自己呢?

在辩论中制胜的两大论证法

1、话说回来式辩论术

“话说回来……”“对了……”“既然如此……”

例→希望丈夫帮忙扔垃圾时

妻:“话说回来，夫妻俩就是要互相扶持、构筑幸福家庭，对吧?”(价值观)

夫:“嗯，是的。”

妻:“对了，所谓‘互相扶持’，就是要力所能及地帮助对方，对吧?”(判断标准)

夫:“确实是这样。”

妻:“既然如此，你出去上班的时候，就能顺便帮我扔一下垃圾咯?”(结论)

夫:“……”

2、举证责任

“这应该由你来举证！”

例→朋友非要你相信灵魂时

朋友："你相信灵魂吗？"

自己："不相信。"

朋友："为什么不相信？既然你说灵魂是不存在的，那就请你证明这一点。"

自己："你弄反了吧。既然你想让我相信灵魂，那应该由你证明灵魂是存在的才对呀。"

第6章

改变自己的“提问”

同年进入一家公司，为什么拥有截然不同的人生

在同学聚会上，两位老同学久别重逢。两人大学毕业后进了同一家公司。可现在，一个成了投资家，生活过得悠闲自在，而另一个却濒临破产。这两个人究竟有什么不同呢？

这两个人毕业后进了同一家公司。大约5年后公司业绩开始恶化，10年后工资毫无增长。那个后来濒临破产的人问自己：

“我为什么进了这样一家公司？为什么这么倒霉？”于是，他经常跑到附近的小酒馆去借酒消愁。

而那个后来成为投资家的男人也问自己：

“像这样下去，这家公司迟早要完。我能不能利用至今积累的经验向商界进军呢？今后需求的是那些领域呢？”后来，他就辞职而后自己出去创业了。

到了40岁时，还留在原公司的那个人被调到了关联企业——实际上是被降职了。他问自己：

“为什么就我这么惨？老天不长眼啊！”于是，他又跑到附近的小酒馆去借酒消愁。

而那个自己创业的人，到40岁时事业也走上了正轨。他问自己：

“一直这样工作下去的话，迟早会受不了。和家人在一起的时间也很重要。有没有什么好方法，能让自己不工作就有收入进账？”

于是，他把自己的公司转让给别人，得到了数亿日元。然后用这些钱作为本金，开始投资房地产。

到50岁那年，两人在同学聚会上久别重逢。一个是生活得悠闲自在的房地产投资家，而另一个则是被公司裁员的濒临破产之人。他们俩的区别，就源于对自己的提问。那个濒临破产之人，总认为自己所处的困境是别人造成的，只会怨天尤人，却从不采取任何行动。而那个投资家，则时常为了提升自我而向自己提问——时常问自己“怎么做才能变得更好”，找到答案后就付诸行动。

提问，不仅仅是面向别人，也可以面向自己。所谓“思考”，其实就是向自己提问。如果向自己提出好的问题，思考就会向好的方向发展；如果提出坏的问题，思考就会向坏的方向发展。“我为什么这么没用？”这样问自己是不可能得到好答案的。“我比别人强的地方是什么？怎样才能发挥自己的优点？”这样问自己则会得到好的答案。

从这层意义上来说，向自己提问就是“掌控自我”。要使人生获得成功，掌控自我是必不可少的。为了掌控自我，最快的捷径就是向自己提出好的问题。

再举一个例子吧。

《心灵鸡汤》一书中讲了这么一个故事：

有一次，加拿大一个叫巴里的小镇遭受龙卷风袭击，造成数十人死亡，据说受灾损失多达数百万美元。当时，一家名为“电信传媒”的广播公司副总裁鲍勃·邓普顿正好路过那个小镇，亲眼目睹了受灾的惨状。他想到了一个计划——为了救济巴里的受灾者，在3天内做好准备，于3小时内筹集3百万美元。邓普顿在董事会上提出了这个方案。

结果，有个人表示反对：“你是认真的吗？这种事情怎么可能做得到？”

邓普顿说道：“我没有说能不能做到，也没有说非做不可。我只是在问大家想不想试试看。”

“当然想试试看啦。”大家异口同声地说道。

于是，邓普顿在黑板上写了个字母T，然后在其右边写“为什么做不到？”，在其左边写“怎样才能做到？”接着，他又在右边的“为什么做不到？”这句话上画了个大大的×。

邓普顿说道：“我不想讨论‘为什么做不到’，因为这纯粹是浪费时间。我只想和大家讨论‘怎样才能做到’。”结果，在三天之内的下周星期二，一场广播马拉松开始了。加拿大全国50家广播台共同合作，并得到了著名主持人的协助，成功地在3小时内筹集到了3百万日元。

我们也一样，要开始做某事时，往往会说“肯定做不到的，因为……”之类的话，为失败找借口。其实，我们应该考虑的是“怎样才能做到”。请记住，结果是成功还是失败，取决于不同的提问方式。

希望大家要好好训练面向自己的“提问力”。

使人生获得成功的3个法则

那么，要使人生获得成功，有没有什么规律可循呢？

伟大的成功人士都有共通的行动法则。成功哲学书上所写的也大同小异。

规则是这样的：①设定目标；②采取行动；③坚持不懈直到成功。

如果不设定目标的话，胡乱采取行动也绝不会成功——就好像漫无目的地在大海上漂流一样。只有设定好目标，才有可能实现。

当然，即使设定了伟大的目标，如果不采取行动，也不可能成功。有了宏伟的目标，却整天躺在家里看电视，那是不可能实现目标的。只有毅然起身、踏上征途，才有可能到达目的地。

但是，即使设定好目标、采取了行动，如果中途放弃的话，还是无法实现目标。通往目标的路途中充满了艰难险阻，我们需要有百挠不折、坚持到底的毅力。

①设定目标；②采取行动；③坚持不懈直到成功——这三条可以说是成功的法则。要想做到这三点，需要掌控自我。控制自己的情感和行为，无论何时都朝着目标奋勇前进，这样才能获得成功。

那么，怎样才能做到这三点呢？

① 设定目标

要想设定目标，应该怎么做呢？

——向自己提问。把目标写在纸上，它就会变得具体而可行。请准备好纸和笔。这里也可以运用5W1H。

1 你想实现什么目标（What）？

首先，写下你想要实现的若干个目标。例如：“想要一亿日元。创业。结婚。通过考试……”随便写什么都行。不必考虑“可能无法实现”“无法实现的话会厌恶自己”……评价和判断是后话。这里只需运用“头脑风暴”的要领，把所有目标都写出来。因为，不确定目标的话，就谈不上如何实现它。

2 什么时候（When）要实现目标？

实现目标必须是具体的。因此，所有写出来的目标都需要设定期限。当然，设定期限时必须考虑可行性。没有期限的目标，只能算未来的梦想而已。你现在是在设定目标，所以必须设定实现目标的期限才行。

3 为了实现目标，要付出什么代价（What）？

你打算如何取舍（Which）呢？

实现目标，通常都不是随随便便就能做到的，难免要付出一定的代价。例如，要想通过证书考试，就必须好好学习。这自然要花费许多时间，你不得不把以往用于饭局或看电视的时间牺牲掉。你在设定目标时就必须做出选择——是选择实现目标，还是选择保留饭局或看电视的时间？需要做出取舍。

② 采取行动

设定好目标后，必须马上采取行动。在你刚才所写的目标当中，有没有和10年前、5年前、或1年前一样的目标呢？其中，有多少个目标是至今为止从未采取过任何行动的？又或许，对于大多数目标，你从来都没有采取过任何行动吧？如果不付诸行动，就不会有任何改变。只要你不采取行动，周围环境就不会为你提供任何帮助。

歌德说过："人生无非是由这两件事情构成：有心无力的事，以及有力无心的事。"人往往只会空想而不付诸行动。正因如此，只有能够采取行动的少数人能成功。现在马上行动起来吧！

采取行动，可以运用"如何做（How）"。

4 如何实现目标？

到这一步，应该实现什么目标和期限都已经很明确了。为了在期限内实现目标，就要向自己提问："什么时候（When）应该做什么（What）？自己想变成怎样（How）的人？需要谁（Who）的帮助？"

如果目标太大，就需要先分成多个小目标。例如：如果想在10年内存1亿日元，平均下来的话，1年就要存1千万日元（实际上，金额到后来会越变越多）。然而，要想1年存1千万日元，在现在的公司当员工是无法实现的。那应该怎么办呢？

——要这样具体而现实地考虑。

一直以来，我就是这样实现自己目标的。现在也仍然经常设定目标、采取行动。大家也应该这样，只要有目标就马上采取行动。

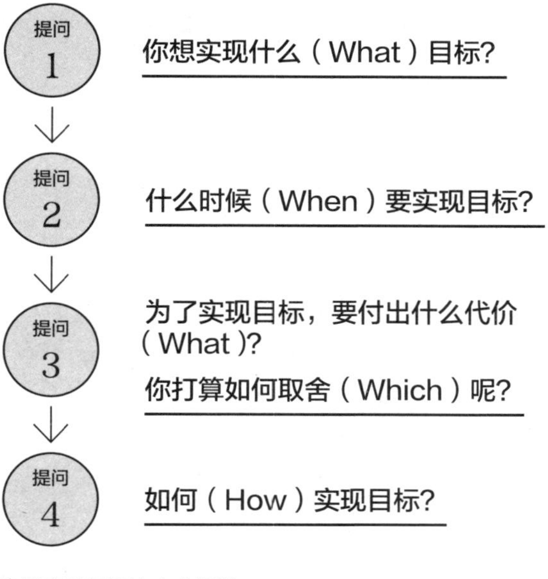

图4　为了实现目标的4个提问

3 坚持不懈直到成功

实现目标的道路并不平坦，经常会碰到许多艰难险阻。如果就此放弃，就无法实现目标。要想成功，必须坚持到底。

如何提问，才能让自己坚持不懈直到成功呢？

1 如何（How）突破这道难关？

我们往往一碰到困难就会往消极的方面考虑，例如：“没希望了。”“这个没法解决。”“果然还是不行。”……为了成功，必须要转换视角，问自己：“要怎样才能做到？”

据说，伟大的发明大王爱迪生在发明白炽灯泡以前，经历过几千次、几万次的失败。但他却说：

“我没有失败。我只是找到了几千种、几万种不能成功的方法。”

爱迪生没有放弃，而是坚持不懈直到成功。失败的时候，他从来不会说“没希望了”之类的丧气话，而是这样想：“原来用这种方法是行不通的呀，又明白了一点。那要怎样才能突破这道难关呢？”最后，他终于发现了成功的方法，完成了伟大的发明。

要想跨越过失败，还需要灵活性。如果用某一种方法行不通，就需要尝试别的方法。韧性和灵活性会把不可能转变为可能。

2 怎样（How）才能做得更好？

接下来出场的是另一位伟大的人物。

——“肯德基”的创始人桑德斯上校。他原本经营着一家餐厅，在他65岁那年，离餐厅所在的国道不远处建起了新的高速公路，于是顾客骤减，店铺被拍卖……他失去了一切。

然而，桑德斯上校又重新振作起来：“我要把我的炸鸡秘方推销出去！”于是，他用了整整两年时间走遍美国，但却连一单合约都没有签成。他经历过1009次商谈失败后，终于在第1010次时谈成了——“肯德基”就此诞生。

你不妨问问自己——为了实现目标，你经历过1009次的失败吗？当然没有吧。我也没有。但只要拥有“我一定要成功”的坚强信念，坚持到底，就一定会成功。肯德基的例子证明了这一点。桑德斯上校肯定也和爱迪生一样不惧失败，在推销过程中不断地问自己：“到下一家店，我要怎样推销才能做得比前一次更好呢？”

让我们以不屈的斗志坚持到底吧！

7个反馈式提问

庭审的高潮在于询问证人环节。现如今，我的律师生涯已经走过了15个年头，但在重要的询问证人环节时仍然会感到很紧张。我会在询问前做好充分准备，结果有时完成得很顺利，有时却不如人意。当我如愿从证人口中套问出想要的回答时，感觉十分畅快；当证人出乎意料地说出对我方不利的证词时，我只得陷入苦战。

因此，每次询问证人环节结束后，我都会有意识地进行自我反馈，趁记得的时候进行反省。主要是思考以下几点：

1、做得好的有哪几点？

2、为什么做得好？

3、今后应该继续保持哪些做法？

4、做得不好的有哪几点？

5、为什么做得不好？

6、今后应该避免哪些做法？

7、今后有什么应该改善的地方？

我并不只是在询问证人之后才做自我反馈。在和别人谈判之后，我也会向自己提出这7个问题，进行自我反馈。并下决心：“一定要在下次谈判中做得更好！”

另外，日常打电话也是一样。挂断电话后，回想一下刚才的通话内容。如果没时间，就稍后再做。

在日常各种场合进行这样的7个反馈式提问，就能全方位地不断提升自我。人是有很多坏习惯的，也有很多弱点。对于这些坏习惯和弱点，如果自己没有强烈意识去改变的话，就永远都无法改善。为了不断改善自我，首先必须认识到自己的不足之处、自己的劣势、以及自己的弱点。而反馈式提问正是认识自己的一种好方法。

有的人漫不经心地过着每一天，有的人则每天反复做反馈式提问——这两种人，在1年后就会拉开巨大的差距。至于我嘛，因为没人向我提意见，所以我会自己向自己提。另外，请别人提意见也是非常有效的。当然，前提是对方是个直言不讳的人。

在我的事务所上班的律师当中，有的人在和我一起完成询问证人或商谈、谈判之后，会征询我的意见，进行反馈式提问：“我刚才的询问（商谈或谈判）表现如何？如果有需要改善的地方，请你指出来。”——这样的人是有前途的。我们要直面自己的缺点，努力克服它。这样才能完善自我。

解决问题的8个提问

人只要活着，就会遇到各种各样的问题，包括一些看似不可能解决的问题。面对种种问题，有的人甚至产生了一死了之的念头。我做律师时也经手过企业倒闭后的破产处理工作。在此过程中，我见过有的公司老总选择了自杀。——中小企业的老总把自己亲手创建的公司视为自己的化身，视为自己的人生。公司倒闭，就意味着人生的失败。身上欠了一屁股贷款，要处理负债问题，而且今后能否养活全家人也是个未知数。这时，难免会产生万念俱灰之感。于是就把家人的余生托付给人寿保险，自己寻了短见。

我听到消息时，内心涌起一股无法形容的无助感。就在这位公司老总自杀的前几天，我还和他在律师事务所碰过头。“我为什么一直没有注意到呢？”我感到很自责。我心想：如果我早点发现他的异常变化，就一定能找到解决办法。

因事业失败而导致公司倒闭的事情也时有发生。有的或许是总经理经营能力的问题，有的则是无可挽回的。其中，也有人在公司破产身背几亿负债之后仍然拼命坚持，最终全部偿还债务，像不死鸟一样东山再起；也有人不得已破产之后改换工作，全家齐心协力，顽强地生活下去。

自寻短见之人和重获新生之人，他们的区别到底在哪里呢？

——在于对自己的提问。自寻短见之人总是抱着消极的想法：“为什么我会这么倒霉？欠了这么多债，走投无路了。全家人都完啦！”他以无法解决债务问题为前提，选择了自寻死路，把保险赔偿金留给家人。而重获新生之人则会积极地思考：“有什么方法可以还清这些负债吗？每次还多少，到什么时候能还清呢？我要找谁商量，才能找到解决方案呢？”他以能够解决问题为前提，向自己提问。这种向自己提问的能力，就是决定成败的分水岭。

人生中，无论发生什么问题，都一定会有解决办法的。莎士比亚说过：“世上并没有什么幸运或不幸。改变想法，人生就会豁然开朗。”问题一定能解决，而我们的人生仍将继续。关键是绝不能放弃，而且要积极地向自己提问。

遇到难关时，为了解决问题，我们可以向自己提这8个问题：

□ 转换视角，能不能看到这个问题积极的一面是什么？

□ 解决了这个问题之后，自己会有什么提高？

□ 要解决这个问题，有哪些方法？

□ 要解决这个问题，自己必须做什么？

□ 为此，现在必须开始做什么？

□ 在解决过程中，自己必须付出什么代价？

□ 不惜付出代价也要解决这个问题吗？

☐ 要享受解决问题的过程，应采取什么样的想法？

也就是说，要相信“这个问题一定能解决”，以此为唯一的前提进行思考。为此，就要积极地向自己提问。这样一来，思考就会朝积极的方向启动。最后一定能解决问题。

有时自己会意识到，即使解决再多问题，原来的缺点也无法改正。但你是否知道，有一种能克服缺点的提问法呢？

把缺点变成优点的反转提问法

前文提到的桑德斯上校，他在开始做肯德基连锁店前已经经营了25年餐厅。然而，那家餐厅被拍卖后，他失去了店铺，濒临破产。这种状况明显是走投无路了，因为没有店铺就无法经营餐厅。

但他想到了一个反转的点子，把“没有店铺”这个缺点视为“可以自由活动”的优点。因为不受店面束缚，他可以自由地到其他餐馆去推销“炸鸡秘方”。如果像原来那样一直经营餐厅的话，恐怕会忙于日常业务而想不到“卖炸鸡秘方”这个点子吧。

在全世界拥有超过一万家连锁分店的“肯德基”，当初正是凭借这个把缺点变成优点的思路转换而诞生的。

东京池袋的太阳城里有一个“南梦宫主题乐园”。自开业以来，13年间人气不减，是一家很受欢迎的主题乐园。其实，南梦宫刚开业时也并非一帆风顺。一般来说，“主题乐园”的主推项目是豪华的表演节目，但南梦宫所在的太阳城天花板很低，无法设置豪华的节目场地。作为主题乐园，这是个致命的缺点。

然而，项目团队想到了一个反转的点子。主题乐园是由节目场地这个“空间”和通往节目场地的“道路”组成。纠结于场地“空间”

的话，只能想到表演节目。但他们转换思路，想出了在“道路”上做文章的创意。结果，一个可以“在道路上一边走一边体验到乐趣纷呈”的新概念主题公园就此完成了。如此一来，天花板太低的问题也迎刃而解。

再举一个把缺点变成优点的思路反转的例子。

北海道旭川市有一家旭山动物园。开业于1967年，是旭川市运营的动物园，大约15万平方米的场地里生活着一百几十种、约800只动物。北海道旭川市这地方人流量很少，从札幌等地过来的交通也不太方便。但不可思议的是，如今旭山动物园却成为了日本最受欢迎的动物园，甚至凌驾于东京上野动物园之上。其实，这家动物园也曾有过一段经营困难的时期，年度入园游客人数仅为现在的十分之一，还不到30万人。甚至有人提出要关闭动物园。但自从小菅园长于1995年就任后，重点展示动物们的自然生活状态，使动物园一下焕发出生机，游客人数激增了10倍。

实际上，这家旭山动物园的成功，也是来自于把缺点变成优点的反转思路。

旭山动物园所在之处交通不便，而且气候寒冷，很少有人专程来游玩。“交通不便”和“气候寒冷”曾是致命的缺点。

之所以说“交通不便”，是因为从旭川机场到旭川市要花35分钟，接着从旭川市到动物园需要30至40分钟，合计超过1小时。顺道去玩的话似乎太远了。如果从札幌出发呢，从札幌到旭川市要1小时20分钟，从旭川市到动物园要30至40分钟，合计大约两小时。但如果从旭川机场直接去的话，只需30至35分钟左右就能到达动物园。换言之，如果是以“去动物园”为目的，就非常方便。另外，“寒冷”这个缺点，则转换为“适合寒冷地区动物生长”的优点。因此，在这里可以看到北极熊、企鹅等动物活泼可爱的生活场景。这也是一个把致命缺点变成优点的反转思路的典型例子。

那么，在这种看似“走投无路”的困境下，如何获得把缺点变成优点的反转思路呢？——可以运用如下所示的反转提问法：

□ 这种状况下有什么缺点？

□ 这个缺点，如果从相反的角度看会解除哪些限制？

□ 尝试对“缺点”这一前提产生怀疑，想法会如何变化？

□ 动摇这一前提之后，要如何思考才能最大限度地发挥自由度呢？

□ 在这基础上，要怎样做才能克服缺点呢？

用肯德基的例子来检验一下反转提问法：

提问：“这种状况下有什么缺点？”

回答：“没有店铺，所以无法卖炸鸡。”

提问：“这个缺点，如果从相反的角度看会解除哪些限制？”

回答："不受店铺束缚，所以能自由地到处活动。"

提问："尝试对'缺点'这一前提产生怀疑，想法会如何变化？"

回答："能否在没有店铺的条件下卖炸鸡呢？能不能不卖炸鸡，而卖炸鸡的味道？"

提问："动摇这一前提之后，要如何思考才能最大限度地发挥自由度呢？"

回答："用移动式店铺卖炸鸡。只卖炸鸡的秘方。"

提问："在这基础上，要怎样做才能克服缺点呢？"

回答："借用别人的店铺来卖。即开展'销售炸鸡秘方'的特许经营模式。"

转变视角进行提问，以找到更好的解决方案

辩护律师是代表委托人的立场。受托于债权人时，就会想法让债务人还钱；相反，受托于债务人时，就会表明拒绝还钱的立场。

我们辩护律师需要站在委托人的立场，考虑委托人的利害关系，为委托人争取最大限度的利益。

不过，我们辩护律师并非只从委托人的立场来分析案件，也会试着站在对方的立场进行分析，考虑对方怎么看这起案件、可能向我方提出什么主张。还有，将来在庭审时作出裁决的是法官，所以我们也会试着站在法官的立场来看——当双方说辞针锋相对时，法官会持什么态度呢？”。

这样，我就能获得新视角，而这些新视角是仅从委托人立场出发时所考虑不到的。从新视角出发，能够制定对委托人有利的策略，使谈判或庭审向有利的方向发展。

换言之，辩护律师会站在以下三个立场分析案件：

1、委托人的立场

2、对方的立场

3、法官的立场

这样全方位地对案件进行研究，能够预测到双方的分歧之处，最终为委托人带来最大限度的利益。

这个技巧也适用于解决日常问题。

发生什么问题或有什么烦恼的时候，不要只站在自己的立场，而要尝试进行全方位的分析。

例如，为人际关系而烦恼的时候：

1、从自己的立场考虑（这自然能做到）

2、从对方的立场考虑

从对方所处的立场考虑，就能意识到："对方是如何应对他和我的关系的？按对方的性格，他是怎么看我的？他觉得我一直以来的态度怎么样呢？……"

3、从旁观者的立场来看，两人之间的关系是怎样的

"旁观者"的范围还可以进一步扩大。对于辩护律师来说，"旁观者"就是法官。当然，日常问题倒是不必从法官的立场考虑。

1、如果是父亲，会有什么想法呢？

2、如果是母亲，会有什么想法呢？

3、如果是好朋友○○，会有什么想法呢？

4、如果是丈夫（或妻子），会有什么想法呢？

5、如果毫不相干的旁观者看见了，会有什么想法呢？

6、如果是可敬的坂本龙马，会有什么想法呢？

……

可以从各种观点进行分析。经过这样转变视角之后，常常会发现：原本自己觉得非常重要的问题，其实并没有那么重要，只不过是内心的“自我”在作祟而已。

像这样，站在别人的立场来考虑事物，就叫作“换位思考”。自己作为当事人，无法做到冷静地看待事物。而通过换位思考，暂且脱离自我，从外部进行考虑，就能够恢复冷静，更好地解决问题。

立刻实现改变自我的提问练习

在此书中，我已经讲解了各种各样的提问技巧。最后，我们来做一项可以立刻改变自我的提问练习吧。如果你对现状感到满意的话，也可以不做。当然，大多数人应该是不满于现状、希望自己变得更完善的。这项练习正是为他们度身定做的。

请静下心来思考。

1、如果能回到1年前，你最想做什么？

2、公司（家人）希望你担任什么样的职责？

3、为了履行这份职责，你现在能够开始做什么？

4、有哪句话能让你振作起来？

5、你的消极口头禅是什么？——“反正我就是这种人”“哪有这种好事”“做了也是白做”……

6、你想改变自己身边的什么事情？——“想改变独断专行的上司”“想改变整天发脾气的丈夫”……

7、你有没有觉得“自己肯定能做到，只是没去做”的事情？

8、你在什么时候会对妻子（丈夫）或恋人感到生气？

9、如果你为了实现目标而必须付出代价的话，你会付出什么？例如：“为了考证复习而不去饭局”……

10、你打算将本书中的哪一部分运用到什么场合？如何运用呢？

解说

1、如果能回到1年前，你最想做什么？

请现在就马上开始做。付诸行动很重要。如果现在不开始的话，明年恐怕又会作出同样的回答。

2、公司（家人）希望你担任什么样的职责？

去履行职责吧。抛开“自我”。

创建了美国最大钢铁公司的安德鲁·卡耐基说过：“成功毫无技巧可言，我一向只对自己被委任的工作尽力而为而已。”（摘自《名言》）

3、为了履行这份职责，你现在能够开始做什么？

从现在就马上开始做吧。家人想要你做什么？也许只是想要你的一个笑容。那现在就对他们微笑吧。只要改变自己，就能改变周围的人。

4、有哪句话能让你振作起来？

把这句话写在纸上、贴到办公桌上吧。把这句话夹在笔记本里随身带着吧。随时随地看看它，振作起来吧！

5、你的消极口头禅是什么？——“反正我就是这种人”“哪有这种好事”“做了也是白做”……

千万别再说这些口头禅了。消极的口头禅会逐渐侵入你的潜意识里，从而腐蚀你的精神。

6、你想改变自己身边的什么事情？——“想改变独断专行的上司”“想改变整天发脾气的丈夫”……

首先请改变自己吧。把责任推卸给别人的话，是无法改变别人的。而且，不改变自己的话，也无法改变别人。要想影响对方，就要使自己成为能够影响对方的人。

威斯敏斯特大教堂的地下室里，有一块英国圣公会大主教的墓碑，上面刻着这样一段话（摘自《心灵鸡汤》）：

> 当我年轻自由的时候，我的想象力没有任何局限，我梦想着改变这个世界。当我渐渐成熟理智的时候，我发现这个世界是无法改变的。于是，我把眼光放得稍近一些，决定只改变我的国家。
>
> 但我的国家也是无法改变的。
>
> 当我到了暮年，我胸怀悲切的愿望——既然无法改变国家，那至少能改变我最亲近的家人吧。
>
> 然而可悲的是，我连他们也无法改变。
>
> 现在临终之际，我才突然意识到：当初应该改变的是我自己。我自己改变了，也许就能改变我的家人。

然后，在家人的鼓励和支持下，我也许就能改变我的国家，甚至改变整个世界。

7、你有没有觉得“自己肯定能做到，只是没去做”的事情？

现在马上开始做吧。从来没有一个人嘴上说着这句话而又实际做到的。

美国独立宣言起草人之一的富兰克林说过：“如果有什么需要明天做的事，最好今天就去做。”（摘自《名言》）

8、你在什么时侯会对妻子（丈夫）或恋人感到生气？

你是不是对对方要求过多呢？不妨站在对方立场考虑一下——从对方的立场来看，那件事真的值得你这么生气吗？

9、如果你为了实现目标而必须付出代价的话，你会付出什么？例如：“为了考证复习而不去饭局”……

为了实现某个目标，不得不付出代价。如果宁可付出代价也想实现目标的话，那就果断地付出代价，朝着目标前进吧。

10、你打算将本书中的哪一部分运用到什么场合？如何运用呢？

请慢慢思考。答案由你自己决定。

每天晚上睡觉前进行反馈式提问

- 今天有哪些事做得很好?
- 为什么能做得好?
- 为了今后也能做到，要形成什么习惯?
- 今天有哪些事情应该反省?
- 为什么应该反省?
- 为了今后做得更好，要形成什么习惯?
- 从明天开始，最好要抛弃哪些习惯或想法呢?
- 明天有什么一定要完成的目标呢?